YETI TUIJINJI CHUKU ANQUAN PINGJIA JI SHIGU HOUGUO YANJIU FANGFA

液体推进剂储库安全评价及事故后果研究方法

黄智勇　金国锋　王煊军　著

西北工业大学出版社

【内容简介】 本书讨论了液体推进剂储库安全现状,在安全状态分析、评价及其应用研究的基础上,建立了液体推进剂储库安全评价的模糊综合评价方法;在实验的基础上,建立了推进剂储库偏二甲肼、四氧化二氮泄漏蒸发速率模型,对推进剂储库有毒蒸气扩散和推进剂储库着火后果进行了数值模拟,得到了对液体推进剂储库安全评价和安全管理有指导意义的成果。

本书主要作为液体推进剂安全管理及工程技术人员的参考用书,同时也可供安全评价及事故后果危害研究的科技人员和高校相关专业的师生等参考。

图书在版编目(CIP)数据

液体推进剂储库安全评价及事故后果研究方法/黄智勇,金国锋,王煊军著 . —西安:西北工业大学出版社,2015.8
ISBN 978 - 7 - 5612 - 4582 - 8

Ⅰ.①液… Ⅱ.①黄…②金…③王… Ⅲ.①液体推进剂—储存—安全评价 Ⅳ.①V511

中国版本图书馆 CIP 数据核字(2015)第 210959 号

出版发行:西北工业大学出版社
通信地址:西安市友谊西路 127 号 邮编:710072
电 话:(029)88493844 88491757
网 址:www.nwpup.com
印 刷 者:兴平市博闻印务有限公司
开 本:787 mm×1 092 mm 1/16
印 张:12.375
字 数:296 千字
版 次:2015 年 9 月第 1 版 2015 年 9 月第 1 次印刷
定 价:29.00 元

前 言

液体推进剂作为火箭、导弹等航天运载器的能源和工质,其安全管理在国家航天事业中占据十分重要的地位。尽管液体推进剂在储存过程中发生泄漏等事故的概率小,但在长期储存中,推进剂储库仍然可能发生泄漏事故,甚至发生着火、爆炸事故,导致设施设备损坏,人员中毒、烧伤或窒息死亡,环境污染。开展推进剂储库安全评价,对于确保储存安全具有重要参考作用。

近年来,液体泄漏、有毒有害气体扩散等事故危害的研究逐渐成为热点,尤其是计算机技术的迅速发展,为危害研究提供了有力的工具,即数值模拟技术。在这样的背景下,笔者结合推进剂储库安全评价研究,进一步探索了推进剂泄漏事故后果。通过对推进剂泄漏后有毒气体的产生、扩散、着火等特性研究,实现了对泄漏的推进剂的状态变化、危害范围扩大、危害形式转变等规律的了解、掌握。在探讨危害研究方法的基础上,为事故应急处置、降低伤害、事故预防等提供科学依据,是本书的研究目的。

本书以液体推进剂储库为研究对象,在参考国内外相关领域研究成果的基础上,将笔者多年潜心研究的成果和经验积累以及陈兴、罗峰、张宇等研究生的创新性成果进行了梳理汇总。在编写过程中,本书既注重系统、全面地介绍基础理论,又力求探讨本领域最新的研究方法及观念,强调理论及方法的工程实际应用,考虑到了从事推进剂安全管理、工程技术等人员的需要,期望能为该领域工作人员提供帮助。

由于笔者知识视野和学术水平所限,书中难免存在不当之处,恳请读者批评指正。

著 者

2015 年 4 月

目　　录

第1章　概述 ·· 1

  1.1　研究背景 ·· 1

  1.2　液体推进剂储库安全评价研究概况 ·· 2

  1.3　液体推进剂泄漏及其后果研究的基础 ······································ 3

  1.4　液体推进剂泄漏蒸发研究现状 ·· 7

  1.5　液体推进剂泄漏后有害气体扩散研究现状 ·································· 9

  1.6　液体推进剂泄漏着火及相关基础研究现状 ································· 11

  1.7　本书的总体结构 ·· 14

  参考文献 ·· 15

第2章　液体推进剂储库安全评价指标体系研究 ································· 21

  2.1　安全评价的基本理论 ·· 21

  2.2　安全评价指标的选取 ·· 24

  2.3　安全评价指标体系的建立 ·· 28

  参考文献 ·· 38

第3章　液体推进剂储库综合安全评价模型研究 ································· 40

  3.1　模糊综合评价方法介绍 ·· 40

  3.2　模糊综合评价原理 ·· 41

  3.3　安全评价指标因素权重的确定 ··· 43

  3.4　模糊综合安全评价模型及应用 ··· 45

  3.5　事故的预防 ·· 50

  参考文献 ·· 50

第4章　液体推进剂蒸发影响因素实验研究 ····································· 52

  4.1　液体推进剂的蒸发特性 ·· 52

  4.2　液体推进剂蒸发实验设计 ·· 53

  4.3　储库内偏二甲肼蒸发的影响因素研究 ······································ 55

  4.4　储库内四氧化二氮蒸发的影响因素研究 ···································· 61

  参考文献 ·· 65

第5章　液体推进剂储库泄漏蒸发模型研究 ····································· 67

  5.1　建模方法 ·· 67

5.2　推进剂蒸发模型的设计 ·· 68

5.3　储库内偏二甲肼蒸发模型的建立 ······················· 69

5.4　储库内四氧化二氮蒸发模型的建立 ··················· 72

5.5　推进剂泄漏蒸发速率计算结果分析 ··················· 75

参考文献 ·· 76

第6章　液体推进剂泄漏扩散数值模拟 ··············· 77

6.1　液体推进剂泄漏扩散建模的特征 ······················· 77

6.2　数值模拟方法 ··· 78

6.3　液体推进剂储罐孔洞泄漏模拟 ··························· 82

6.4　储库内四氧化二氮渗漏闪蒸扩散模拟 ················ 90

6.5　储库内偏二甲肼液池蒸发扩散模拟 ··················· 110

6.6　储库内四氧化二氮球型储罐泄漏扩散模拟 ·········· 127

6.7　偏二甲肼与四氧化二氮泄漏扩散数值模拟对比分析

·· 130

6.8　液体推进剂扩散影响因素的数值分析 ················ 136

参考文献 ·· 143

第7章　液体推进剂泄漏着火研究 ······················· 145

7.1　偏二甲肼储库火灾事故的特点 ··························· 145

7.2　池火灾经验模型 ··· 146

7.3　小尺寸偏二甲肼池火灾的实验研究 ··················· 150

7.4　储库内偏二甲肼池火灾的数值模拟 ··················· 163

7.5　偏二甲肼着火数值模拟 ······································ 170

7.6　偏二甲肼储库细水雾灭火数值模拟 ··················· 174

参考文献 ·· 187

第1章 概 述

1.1 研究背景

液体推进剂是火箭、导弹等航天运载器的能源和工质。液体推进剂具有强腐蚀性、吸湿性、高毒和易燃、易爆、易挥发等特性。国际劳工组织(ILO)《劳动百科全书》明确指出,推进剂化学毒性、燃烧爆炸、腐蚀作用以及环境污染是火箭发射地面活动存在的重大危险;我国卫生部2002年将偏二甲肼和氮氧化物中毒列入《职业病名录》(卫法监发〔2002〕108号),2003年将二氧化氮、肼、甲基肼和偏二甲肼列入《高毒物品名录》(卫法监发〔2003〕142号)。根据《危险化学品重大危险源辨识》(GB 18218—2009)对于重大危险源的定义,当液体推进剂存量超过20 t时,液体推进剂储库属于重大危险源[1]。

虽然液体推进剂发生事故的概率小,但是在推进剂长期储存过程中,由于人员、管理或设备等原因,推进剂储库仍然可能发生着火、爆炸等事故,导致设施设备损坏,人员中毒、烧伤或窒息死亡[2]。国内外的液体推进剂发展史上都记载着不同程度的液体推进剂事故,造成了人员伤亡、设施损害、环境污染等后果。20世纪以来发生的几起震惊世界的重大环境污染事件,引起了人们对这些小概率的重大突发性事故及其危害的认识和关心。

这些事故中影响最大和后果最严重的当属印度博帕尔市美国联合碳化合物公司农药厂的异氰酸甲酯泄漏事故和苏联的切尔诺贝利核电站第四号反应堆爆炸事故。

1984年12月3日,印度博帕尔市美国联合碳化合物公司农药厂的一个地下储库因化学反应失去控制,库内压力急剧上升,溢出了大量异氰酸甲酯毒气弥漫在工厂上空,事故发生当时即有269人中毒死亡,数千人失去知觉。事故一周后,因异氰酸甲酯中毒而死亡的人数超过了2 500人,而中毒人数达125 000人,该市80万人中有20万人健康受到影响,5万多人因此失明,2万多人住院治疗。这次事故还导致大批动物死亡。这一灾难性中毒事故,成为世界化学工业史上最大的惨案。

1986年4月26日,苏联切尔诺贝利核电站由于操作上的失误,造成堆芯失水,温度急剧升高,使堆芯熔化,石墨与过热水蒸气发生化学反应,生成大量的氢气、甲烷、一氧化碳,产生巨大的爆炸燃烧,熊熊火焰高达10层楼,燃烧持续了一星期,当天即有2人死亡,3个月后死亡人数达到28人。这次事故向大气排放了100万居里的放射性碘,25万居里的铯-137,在以后的20年,有约1万人由于受到放射性剂量影响而死于癌症。

这两起事故给世界敲醒了警钟。分析这两次事故,之所以造成如此大的伤亡,除了从事故的严重性、物质毒性和放射性原因来解释之外,我们更应该认识到,主要原因是事故产生了大量有毒气体或者放射性气体释放到了大气环境中,随着气体的扩散,这些有害气体覆盖了大面积区域,处在该区域内的人员因没有来得及采取防护、不知道防护或者没有正确防护而中毒伤亡。切尔诺贝利核电站事故发生后,周围30千米以内地区被划分为危险区,而随着全球的大气流动,这些放射性气体将在全球范围内构成危害。

吸取以往事故的经验教训,我们必须重视有关液体推进剂作业过程的安全,更要重视对液体推进剂事故后危害的研究。开展储库综合安全评价及泄漏事故后果研究有助于建立液体推进剂储库安全评价方法,探讨储库推进剂泄漏蒸发、气体扩散规律,为液体推进剂储库合理设置通、排风系统,安全监控系统和应急救援系统提供理论依据。

开展液体推进剂储库安全评价及储库安全性研究,不但有利于准确掌握推进剂储存现状,同时对于采取有效措施排除故障,化解事故苗头具有指导作用。液体推进剂储库是一种受限空间,受限空间内气体流动扩散具有其特殊规律。掌握储库内推进剂泄漏量的计算、推进剂泄漏蒸发规律及推进剂着火事故后果分析方法,建立液体推进剂储库受限空间推进剂着火事故氧气、二氧化碳及烟气等因素的分布规律,分析伤害区域和范围,对于有效实施储库推进剂泄漏预警,化解泄漏推进剂中毒、着火事故,指导事故应急抢险,确定有毒气体报警装置的安装位置具有重要的指导意义。

1.2　液体推进剂储库安全评价研究概况

有效防止事故发生的前提是对安全现状做出正确分析和评价,安全评价是提高单位安全管理水平和事故预防技术水平的有效措施,是安全管理和进行决策的科学依据,在现代安全管理中占有重要地位。

安全评价的现实作用使安全评价技术得到了单位在液体推进剂生产、储存、运输、使用过程的重视。原航天部曾经下发了危险点评价方法,由于它不能全面反映危险源诸多因素的影响,并且在危险性定量评价时存在较大的误差,许多研究人员在研究中消化吸收了国内、外开发的安全评价方法,应用于液体推进剂作业的安全评价。

第二炮兵工程大学的贾瑛、黄彩妹等人[3]对液体推进剂储运中的泄漏风险进行了定性的分析,李新其等人[4]分析了液体推进剂储运过程中发生的泄漏情况,建立了故障树模型,针对实际情况中泄漏事件的发生概率具有模糊性和不确定性的特点,引入了模糊集理论,将故障树基本底事件的发生概率描述为一模糊数,估算出顶上事件(即液体推进剂储运中泄漏)的模糊故障概率。王青锋等人[5]同样应用了模糊故障树方法,在运算中采用了三角模糊算法分析了液体推进剂泄漏的故障概率。模糊故障树方法是一种尝试,对于解决液体推进剂作业安全评价中不确定性的问题开辟了道路,但是其结果只作为一种定性评价结果来接受。

对于液体推进剂作业中的危险,许多研究都尝试着将其定量化,以达到直观的认识,作为危险发生时进行应急处置的依据。中国人民解放军总装备部后勤部军事医学研究所的丛继信高级工程师基于假设的加注任务,分别介绍并应用了石油化工系统广泛应用的格雷姆-金尼、化工安全定量评价、道(Dow)化学指数法、ICI蒙德(Mond)指数法和日本劳动省化工安全定量评价法,对发射场液体推进剂作业的危险性(安全性)进行了评价。分析表明,这几种评价方法的危险性评价结果一致,初步证明了它们在液体推进剂安全评价中的可行性[6-9]。这几种方法都属于指数评价法,是半定量的评价方法,它们的结果只能表征液体推进剂作业中危险的特征和危险等级的大小。在定量分析中,丛继信分析了发射场液体推进剂泄漏模式和泄漏量,泄漏液体的扩散和蒸气的逸散,计算出推进剂泄漏时工作区域的蒸气质量浓度和下风向中毒范围[10]，在气体扩散模拟中运用了高斯模型。国内、外对描述气体扩散的模型都有很多研究，高斯模型只能用来分析气体浓度比空气密度小或者与空气密度相差不大的气体，因此在应用中还不能完全表达气体扩散的情况，需要引入新的气体扩散模型来描述液体推进剂储存、运输中的泄漏扩散。

进行定量危险性分析的还有西安航天动力试验技术研究所的王爱玲高级工程师和总装备部工程设计研究总院的侯瑞琴高级工程师。王爱玲[11]对偏二甲肼燃料库的危险性评价方法进行了研究，应用我国开发的"易燃、易爆、有毒危险源危险性评价方法"，从物质危险性和工艺危险性评价了偏二甲肼燃料库重大事故发生的原因、条件及其危险性等级。但是由于"易燃、易爆、有毒危险源危险性评价方法"在开发中的实验验证不充分等原因，其评价结果可信度差[9]，只能作为一种参考。侯瑞琴[12]给出了液体推进剂泄漏量的计算模型，给事故以定量化计算途径，但没有进一步分析事故后的危害。

1.3　液体推进剂泄漏及其后果研究的基础

1.3.1　液体推进剂的理化性质

偏二甲肼、四氧化二氮在军事和航天领域应用广泛。俄罗斯现役洲际导弹 ss - 18、ss - 19，我国"长征"系列运载火箭等均采用了这两种推进剂[13]。推进剂的"跑、冒、滴、漏"现象，成为液体推进剂储存、运输的常见病和多发病[14]。液体推进剂泄漏过程中向外界释放大量易燃、易爆、有毒气体或液体，释放的气体或液体将在空气中和地面上扩散。一般将泄漏气体或蒸气与空气的混合物称为气云，瞬间泄漏形成的气云称为云团，连续泄漏形成的气云称为云羽。如果泄漏气体或液体具有易燃、易爆性，在合适的浓度和点火源等条件下，气云会在空中发生火灾或爆炸。如果泄漏气体有毒，那么人暴露在毒气云中就有可能中毒。对液体推进剂储存、运输过程中发生泄漏事故进行模拟，分析泄漏后的状态变化及其产生的危害后果是认识安全和预防风险的有效途径。由于液体推进剂氧化剂中四氧化二氮使用最广，用量最大，燃烧剂中偏二甲肼的应用较多，本书以这两种推进剂作为研究对象。现在对这两种推进剂的物理化学性质（简称理化性质）进行简要介绍。

1. 偏二甲肼理化性质

偏二甲肼（UDMH）是肼类燃料中热稳定性较好的燃料，其分子式为 $(CH_3)_2NNH_2$，是一种易燃、易挥发、具有类似于氨的强烈鱼腥味的无色透明有毒液体，具有吸湿性，20℃时饱和蒸气压为 16.065kPa，闪点为 1.1℃，冰点为 -57.2℃，沸点为 63.1℃；20℃时相对密度（水的相对密度为 1）为 0.79；20℃时汽化热为 502.39 kJ/kg，燃烧热为 $29.3×10^3$ kJ/kg，定压比热容为 2.70 kJ/(kg·K)。按照危险物质相关国家标准的划分，偏二甲肼是甲类（闪点 <28℃）中闪点（-18℃≤闪点 <23℃）易燃（闭杯闪点≤61℃）液体，当库存量超过 20 t 时属于重大危险源。

偏二甲肼是一种弱碱性物质，与水作用生成共轭酸和碱，具有还原性，其蒸汽在室温下能被空气缓慢氧化，生成亚甲基二甲基肼（偏腙）、水和氮。偏二甲肼与许多氧化剂的水溶液发生反应并放出热量,与强氧化剂接触能自燃,大量接触会由燃烧转为爆炸。挥发成气体后其相对密度为(d(空气)=1)2.1,其蒸气与空气形成爆炸性混合物,遇明火、高热极易燃烧爆炸,燃烧(分解)产物为一氧化碳、二氧化碳、氧化氮。偏二甲肼具有热稳定性,对冲击、压缩、摩擦、震动、枪击、雷管引爆均不敏感。

偏二甲肼属于三级中等毒性(化学品急性毒性分级标准)物质,侵入途径有吸入、吞入和皮肤吸收,对健康产生危害。偏二甲肼是一种中枢神经系统的兴奋剂,有强烈的致痉作用,高浓度的偏二甲肼蒸气对呼吸道和眼结膜有刺激作用,偏二甲肼中毒后主要引起轻度贫血和谷丙转氨酶轻度升高,长期低浓度的染毒可引起贫血症。其主要毒性指标为:半数致死剂量 LD_{50}(小鼠,静脉)为 250 mg/kg;半数致死浓度 LC_{50}(小鼠,吸入 4 h)为 459 mg/kg;半衰期(兔)为 1.5 h;嗅阈值为0.8 mg/m³。我国作业环境空气有害物质容许浓度(MAC)为 1.0 mg/m³。表1-1是根据动物实验和人体急性中毒事故资料推论出人体暴露于偏二甲肼蒸气中出现毒性反应的浓度。

表1-1 人员暴露于偏二甲肼气体中出现毒性反应的浓度

		暴露时间/min				毒性反应
	1	5	15	30	60	
	8×10^3	1 607	536	268	134	眼、鼻、黏膜轻微刺激
偏二甲肼/	16×10^3	3 214	1 021	536	268	眼、鼻、黏膜轻微刺激或全身影响
(mg·m⁻³)	32×10^3	6 429	2 143	1 071	536	明显的中枢神经极度兴奋或死亡
	140×10^3	26 785	9 375	4 821	2 410	痉挛、器官伤害或死亡

2.四氧化二氮理化性质

四氧化二氮在一般环境温度下热稳定性较好,分子式为 N_2O_4,是一种在常温下冒红棕色烟并有强烈刺激性臭味的红棕色腐蚀性液体,冰点为 -11.23℃,熔点为 -9.3℃,沸点为 21.15℃,20℃时饱和蒸气压为 96.53 kPa,相对密度为 1.45,四氧化二氮挥发后形成毒气时其相对密度为 2.8;20℃汽化热为414.22 kJ/kg,比热为 1.472 8 kJ/(kg·k)。

四氧化二氮是强氧化剂,含有 70%活性氧,本身不燃烧,但可助燃,与胺类、肼类、糖醇等接触能自燃;与硫、碳、磷等物接触易着火,与很多有机物蒸气的混合物易发生爆炸。四氧化二氮易吸收空气中水分,与水作用生成硝酸并放热。无水四氧化二氮腐蚀作用很小,遇水有腐蚀性,腐蚀作用随水分含量增加而加剧。燃烧(分解)产物为氮氧化物。

四氧化二氮属于三级中等毒性(化学品急性毒性分级标准)物质,实际上是二氧化氮的毒性,对人体的危害途径为吸入,随着其浓度的增加,刺激呼吸道,发生胸闷、呼吸困难、肺水肿,严重时导致死亡。液体四氧化二氮溅在皮肤和黏膜上有强烈的刺激作用和腐蚀作用。其主要毒性指标 LC_{50}(大鼠吸入,4 h)为 126 mg/m³ 时;当空气中,二氧化氮浓度为 190~1 880 mg/m³,可使动物窒息死亡,有肺水肿;嗅阈值<1.03 mg/m³,我国作业环境空气有害物质容许浓度(MAC)为5 mg/m³。

四氧化二氮液体的红棕色,实际上是二氧化氮(NO_2)的颜色。NO_2 属于中等毒性气体(第Ⅲ级),1964 年美国政府工业卫生工作者学会一致认为二氧化氮 1 次暴露对人的损害见表

$1-2^{[15]}$。

表 1-2 人员暴露于二氧化氮气体中出现毒性反应的浓度

	暴露时间/min				毒性反应
	5	15	30	60	
二氧化氮/$(mg \cdot m^{-3})$	188.1	94.05	75.24	47.03	呼吸道刺激,胸痛
	376.2	188.1	141.08	94.05	肺水肿,亚急性或慢性肺受损
	752.4	376.2	282.15	188.1	因肺水肿死亡

1.3.2 液体推进剂泄漏的特征

1. 液体推进剂泄漏的分类

在一般情况下,液体推进剂泄漏可以根据泄漏口尺寸的大小和泄漏持续时间的长短,将泄漏源分为下述两类。

(1)小孔泄漏。此种情况通常为推进剂经较小孔洞长时间持续泄漏,如储罐、管道上出现小孔,或者是阀门、法兰、转动设备等处的密封失效,也称为连续源泄漏。

(2)大面积泄漏。此种情况通常是指推进剂经较大孔洞在很短时间内大量泄漏,如大管径管线断裂、罐体破裂等瞬间泄漏出大量推进剂,也称为瞬时源泄漏。

2. 液体推进剂泄漏的一般特征

液体推进剂的泄漏事故与工业废液或废气等一般污染物的正常排放有很多不同的地方。液体推进剂泄漏一般具有以下特征。

(1)液体推进剂都以液态储存、运输,泄漏模式多种多样,既有瞬间泄漏,又有连续泄漏。泄漏源的几何形态更是千差万别,可能是圆形,也可能是不规则裂纹。

(2)在事故泄漏形成气云过程中,可能涉及液态和气态之间的相变,而且变化方式多种多样,如液体的蒸发、闪蒸,液滴的蒸发与冷凝等。闪蒸是指因环境温度高于泄漏液体的常压沸点而产生的液体快速蒸发现象。

(3)事故泄漏在短时间内进行,而且泄漏速率随时变化。这与多数污染问题中的长时间稳定排放不同,使得准确预测泄漏液体及其蒸发扩散等行为更为困难。

(4)事故泄漏形成的气云在低空扩散过程中受人工或自然障碍物以及地形的影响更为明显。

3. 储存泄漏特征

作为一种战略应用物资,要保证液体推进剂的质量,其储存环境条件有较高的要求,一般在储存时都选择存放于掩体下。对于洞库储存来说,通常一个库由一个或多个储罐组成,储罐泄漏主要有下述特征:

(1)泄漏源于焊缝、缺陷处的腐蚀穿孔,连接螺母没有拧紧或四周螺母没有均匀拧紧,密封圈长期使用或应用不当引起变形、损坏、划痕、裂纹、有异物,法兰的金属密封面裂纹等。

(2)泄漏形式多以渗漏、滴漏为主,所引起的泄漏量较小。

(3)洞库内相对较封闭,泄漏后的推进剂挥发至洞库中,形成有毒有害气体环境,在潮湿环境条件下加速对储罐的腐蚀,在一定条件下能够燃烧和爆炸。

1.3.3 空气中液体推进剂最大允许浓度

文献[16]中列出了空气中液体推进剂最大允许浓度,表1-3中数据是进行液体推进剂危害评估的基本标准,可用于确定事故发生后的安全范围和进行应急抢救的时间。

表1-3 空气中几种液体推进剂最大允许浓度和应急暴露极限浓度

(单位:mg/m³)

空气中有毒推进剂浓度	推进剂种类			
	肼	甲基肼	UDMH	N_2O_4
居民区最大允许浓度	1.43	0.072	0.03	0.3
工作环境最大允许浓度	0.14	0.35	1.34	5
10 min 应急暴露极限浓度	43	21	268	62
30 min 应急暴露极限浓度	29	14	134	41
60 min 应急暴露极限浓度	4	6	41	21

1.3.4 推进剂泄漏后储库内气体浓度变换模型

液体推进剂在库存过程中发生泄漏、渗漏、滴漏等情况,挥发后的推进剂气体将形成库内的毒气环境危害,对于这样一个相对封闭的空间来说,有毒气体的危害状况可以应用文献[17]中提出来的室内空气质量模型来描述。将储库想象成为一个盒子,建立一个质量平衡方程,假设盒子内的物质是充分混合的,这个盒子内的有毒气体密度存在这样的关系:

$$\boxed{\begin{matrix}\text{盒内污染物}\\\text{增加速率}\end{matrix}} = \boxed{\begin{matrix}\text{污染物由}\\\text{室外进入盒}\\\text{内的速率}\end{matrix}} + \boxed{\begin{matrix}\text{污染物由}\\\text{室内排放进入}\\\text{盒内的速率}\end{matrix}} - \boxed{\begin{matrix}\text{污染物泄漏到}\\\text{室外而排出}\\\text{盒子的速率}\end{matrix}} - \boxed{\begin{matrix}\text{污染物因衰}\\\text{减而排出盒}\\\text{子的速率}\end{matrix}}$$

可表示为

$$V_b \frac{dC}{dt} = Q_a C_a + E - Q_a C - kCV_b \qquad (1-1)$$

式中 V_b—— 盒子体积,m³;

C—— 污染物浓度,g/m³;

Q_a—— 空气进入盒子的速率,m³/s;

C_a—— 室外空气中污染物浓度,g/m³;

E—— 从空气污染源进入盒子内的污染物排放速率。

式(1-1)的一般解为

$$C_t = \frac{\frac{E}{V_b} + C_a \frac{Q_a}{V_b}}{\frac{Q_a}{V_b} + k}\left[1 - \exp\left(-\left(\frac{Q_a}{V_b} + k\right)t\right)\right] + C_0 \exp\left(-\left(\frac{Q_a}{V_b} + k\right)t\right) \qquad (1-2)$$

式中,C_0为室内初始污染物浓度,g/m³。

推进剂蒸发的量作为空气污染源进入库房内的量,即 $E = Q_1 + Q_2$。当推进剂的蒸发加上由库外进入库内的推进剂气体量等于推进剂排出量和衰减量的和,即盒子内污染物的增加量与减少量之间存在一个动态平衡时,推进剂库内的气体浓度保持不变。

令 $\dfrac{\mathrm{d}C}{\mathrm{d}t}=0$,解出 C,即得到式(1-1)的稳态解,有

$$C=\dfrac{Q_a C_a + E}{Q_a + kV_b} \tag{1-3}$$

对于推进剂库中经常发生的渗漏、滴漏情况,或者由于密封圈的腐蚀、破损等原因造成的泄漏情况,当污染物稳定且不随时间衰减或者反应时,即假设推进剂稳定且库房内地面、墙壁对推进剂没有吸收和反应发生,$k=0$。

污染物稳定且忽略周围浓度,室内污染物初始浓度为零的情况下,式(1-1)可简化为

$$C_t=\dfrac{E}{V_b}\left[1-\exp\left(-\dfrac{Q_a}{V_b}t\right)\right] \tag{1-4}$$

在实际情况中,应当更多地考虑推进剂库在污染物初始浓度不为零的情况下,很微小的渗漏、滴漏都能够带来污染物的增加,因此对式(1-1)简化为如下结果:

$$C_t=\dfrac{E}{V_b}\left[1-\exp\left(-\dfrac{Q_a}{V_b}t\right)\right]+C_0\exp\left(-\dfrac{Q_a}{V_b}t\right) \tag{1-5}$$

1.4　液体推进剂泄漏蒸发研究现状

1.4.1　液体泄漏蒸发研究概况

国内、外对液体泄漏、蒸发等内容研究较多,并且许多国家都已经颁发描述液体泄漏相应的规范或者标准,如国外的"世界银行(World Bank)评价方法"[18]和国内的《建设项目环境风险评价技术导则》[19]等。由于液体泄漏后首先是蒸发产生有毒有害气体,人们非常关注液体蒸发,尤其是当发生有毒有害物质泄漏时应该怎样选择恰如其分的紧急处理措施来消除这些危险,因此,对液体的蒸发过程机理的研究逐渐成为职业卫生以及安全评价领域的热点。

早在 19 世纪初,人们就利用气象资料开始研究液体蒸发,Dalton 在 1802 年首次对蒸发过程提出了清晰的概念[20],阐述了水表面的上空有一定量的水汽,此水汽有一定量的压力且与水的温度有关,但小于水面上的压力。Dalton 发现水的蒸发与空气中的水汽压差成比率,即为著名的 Dalton 蒸发定律。后来,人们根据 Dalton 定律相继建立了各种水面蒸发与水汽压差关系模型。

1924 年,Hinchely 和 Himus 对水的蒸发实验报告中进一步指出单组分液体蒸发的动力来自于液体的蒸气压与该液体在周围空气中的蒸气分压之差,这一观点被随后的众多学者对各种易挥发有机物的蒸发实验所证实[21]。1926 年,波文(Bowen)从能量平衡方程出发,提出了计算水面蒸发的波文比-能量平衡模型。该模型长期以来得到了较好的应用,但对于下垫面极为潮湿或平流逆温的情况,会产生较大的误差[22]。

后来,人们预测危险性液体的蒸发速率模型就是根据水的蒸发速率模型进行简单的修正而得到的[23]。其中,Mackay 和 Matsugu[24]通过异丙基苯的蒸发实验对传质系数进行了修正,并应用到其他蒸发系统。Reijnhart 等[25-26]通过理论和实验研究,建立了半经验模型,但模型没有考虑热量传递对蒸发过程的影响。实际上,热量传递对蒸发速率的影响很大,特别是对

于挥发性很强的液体和液化气体的蒸发。Studer 等人[27]首次研究了蒸发过程中液体主体与表面层之间的热量传递。除了通过实验分析得出的经验和半经验的模型以外，人们也直接从理论的角度来分析研究液体的蒸发过程，Brighton[28]，Boyadjiev[29-30]，Kunsch[31]等人就根据扩散理论以及边界层理论对蒸发过程进行了研究，建立了描述液体蒸发过程的偏微分方程。

国内对液体蒸发模型研究工作起始于 20 世纪 50 年代，这么多年来也取得了不小的进展，濮培民等人[32]利用质量守恒原理建立了水面蒸发全国通用公式。该公式综合概括了水汽温度、气压、风速等众多因子对水面蒸发量和蒸发系数的影响，但公式结构复杂，需要气压资料，不便于实际推广应用。陈惠泉、毛世民等人[33]利用实验环境参数可控的回流式低速风洞系统中取得的水面蒸发实验资料，建立了包括风速、水汽温度差两个水面蒸发系数在内的全国通用计算公式。该公式能综合反映水面蒸发过程中自由对流与强迫对流的共同作用，并得到了国内多个蒸发实验基地资料的检验。但是公式系数确定过程中没有考虑不同风速段强迫对流对水面蒸发影响的差异，造成大风速段水面蒸发量计算值偏大。李万义[34]在对水面蒸发物理过程作部分假设的基础上，提出了一种"适用于全国范围的水面蒸发量计算模型"，并利用内蒙古境内巴彦高勒蒸发实验站 1984—1996 年的资料确定了模型中的系数，但模型结构在水面蒸发机制与数学原理的关系上，存在一定的矛盾，而且模型系数的确定只用了单站资料。李毅[35]采用单相关系数法，确定优化温度、饱和水汽压差、相对湿度、风速等预报因子，建立水面蒸发的多元回归预报方程。该方程在新疆车尔臣河流域水面蒸发预报中有较好的实际应用，但大量待定系数限制了该模型的异地移用。潘旭海等人[36]通过实验研究了苯的蒸发的影响因素，得到苯的蒸发过程受环境风速、液池尺寸以及液面与地面相对位置等因素的影响。

由于现实情况的复杂性，泄漏形成的液池往往具有形状不规则、环境温/湿度波动、环境风速变化等特点，这些都给蒸发速率的预测带来了一定的困难。而有关液池特征尺寸、环境相对湿度对蒸发的影响目前还没有相关的研究报道[37-38]。

1.4.2 液体推进剂泄漏蒸发研究概况

国内、外针对液体推进剂的危害研究多集中于爆炸危害上，如 1963—1969 年美国航空航天局、空军火箭推进实验室同佛罗里达州大学一起进行了一系列液体火箭缩比爆炸实验，相关单位并在此后编制出了关于液体推进剂爆炸危害及其他危害的设计规范、计算和分析手册等[39-41]。从车著名[42]编译美国解密的航天发射场液体推进剂毒性实验研究资料看，美国曾进行过对联氨（N_2H_4）、戊硼烷（B_5H_9）、三氟化氯（ClF_3）等液体推进剂的蒸发扩散研究，Adamel 等人[43]研究了火箭二级分离时液体推进剂液滴（高温）在大气中坠落时的蒸发过程中的推进剂气体扩散。

我国装备指挥技术学院的陈新华教授对液体推进剂在火箭发射场（沙漠环境下）的蒸发、扩散、爆炸危害性的实验研究，提出了火箭发射场下的液体推进剂在大气中蒸发速率工程计算方法，推进剂毒气在大气中扩散污染范围工程估算方法和发射场毒气污染安全性评估方法等[44-45]。但由于是基于沙漠环境下的研究，对液体推进剂的储存环境并不适用。总装备部工程设计研究总院的侯瑞琴高级工程师对液体推进剂的泄漏蒸发机理进行了分析，并提出了液体推进剂的理论蒸发公式，但缺乏实验依据，其预测的可靠性有待确定[12,46]。由于液体推进剂的泄漏蒸发的相关研究还较少，为了保证储存环境下液体推进剂的安全，在发生意外泄漏时采取及时有效的措施使损失降至最低，有必要对储存条件下液体推进剂的蒸发进行研究。

1.5　液体推进剂泄漏后有害气体扩散研究现状

1.5.1　危险气体扩散研究现状

1. 危险气体扩散理论研究

目前,研究气体扩散问题大多是以湍流统计理论、梯度输送理论和相似理论[47]为基础的。

(1)湍流统计理论。该理论是泰勒用统计学方法研究湍流扩散问题,它主要通过阐述扩散粒子关于时间和空间的概率分布来求出扩散粒子浓度的空间分布和随时间的变化。高斯在分析了大量实测资料后,应用湍流统计理论提出了正态分布假设下的扩散模型,即高斯模型,该模型目前应用比较广泛。

(2)梯度输送理论。该理论是菲克用理论类比建立起来的。它假定由湍流所引起的局地的某种属性的通量与这种属性的局地梯度成正比,梯度方向与通量方向相反,因为比例系数为 K,所以又称为 K 理论。

(3)相似理论。相似理论认为许多个大小不同的湍涡构成了湍流,大湍涡失去稳定分裂成小湍涡,同时发生了能量转移,这一分裂过程一直进行到最小的湍涡转化为热能为止。基于这一基本观点,利用量纲分析的基本理论,建立起某种统计物理量的普适函数,再找出普适函数的具体表达式,利用表达式求解湍流扩散问题[48]。

2. 气体扩散模型研究

在气体扩散模型方面,国外学者从 20 世纪 60 年代就开始了对危险气体泄漏扩散的实验和理论研究,并提出了许多计算模型,如高斯模型[49]、唯象模型[50]、箱及相似模型[51]、浅层模型[52]、三维现象传递模型[53]等,国内的学者在国外学者研究的基础上不断进行修正,也提出了较多的适用于各领域的重气扩散模型[54-56]。其中许多模型的扩散参数均以多次大规模扩散试验统计而得出,比较著名的试验有 Burro 系列试验、Thorney Island 系列试验、Britter 和 McQuaid 获得 BM 模型所做的现场试验。这些模型都能够较好地模拟出气体泄漏扩散,但是仍存在一定的缺陷。

高斯模型简单,易于理解,运算量小,可模拟连续性泄漏和瞬时泄漏两种泄漏方式,且由于提出的时间比较早,实验数据多,因而较为成熟。计算结果与实验值能较好吻合等特点使该模型得到了广泛的应用,但它只适用于密度与空气相等或相近的中性气体,对于重气扩散,其模拟精度较差。BM 模型能较好地用于重气瞬时或连续释放的地面面源或体源的模拟扩散,但是该模型只能用作基准的筛选模型,而对喷射或两相释放的近源区的模拟扩散是不合适的。箱及相似模型具有概念清晰、求解方便、计算量较小等优点,特别适合危险评价,其结果已成为应急咨询、应急措施和其他决策的重要组成部分,其中广泛应用于重气扩散的盒子模型和平板模型都属于该模型。但该模型必须假定速度和浓度的自相似分布,并且通常涉及不连续的界面,因此在模拟一些特殊的扩散过程时具有很大的不确定性。浅层模型是基于浅层理论(浅水近似)推广得到的,在一定情况下能较好模拟气体扩散,但精度不如三维现象传递模型。三维现象传递模型通过建立各种条件下的基本守恒方程(包括质量、动量、能量及组分等),结合一些初始和边界条件加上数值计算理论和方法,从而实现预报真实过程各种场的分布,以达到对扩散过程的详细描述,特别适合重气的扩散,但建模复杂。

目前,国内、外在研究危险性物质泄漏扩散时,主要是研究其动力学演化机理,建立准确描述事故性泄漏过程的理论模型,并与现代计算机技术相结合,开发出可视化软件,应用于事故后果分析和环境风险评价,同时为制定事故应急预案提供依据。

三维现象传递模型采用计算流体力学(CFD)的方法模拟重气扩散的三维非定常态湍流流动过程。现有的重气扩散模型大都是在箱模型的基础上建立的,由此造成了模型中的大量参数都是以实验数据为基础确定的,参数对模型的广泛应用受到了限制,而且大多数模型没有考虑复杂地形对重气扩散的影响。为了能更接近实际情况,增加重气扩散模拟的精确度和可靠性,人们采用计算流体力学的方法模拟重气扩散的三维非定常态湍流流动过程。CFD 是通过建立各种条件下的质量、动量、能量及组分守衡等基本守衡方程,结合初始和边界条件以及其他组分传输方程、湍流动能方程等附加方程,运用数值计算理论和方法,实现预测真实过程各种场的分布,如压力场、温度场、浓度场等,以达到对扩散过程的详细描述。这种方法克服了箱模型中模拟要求速度和浓度的自相似分布的缺点以及重气下沉、空气卷吸等物理效应时所遇到的许多问题。这种基于 Navier-Stokes 方程的完全三维流体力学模型预测方法,在原理上具有模拟所有重要物理过程的内在能力。CFD 数值模拟的软件已商业化,在众多工程项目中也得到广泛应用[57-59],被众多领域证明其模拟的高精度,结合现代计算机日益高速的运算能力,CFD 模型成为最合理的数值模拟模型。

1.5.2 液体推进剂有毒气体扩散研究现状

车著名对美国解密的航天发射场液体推进剂毒性实验的研究资料进行了编译,在液体推进剂稳定蒸发计算中使用 Colgurn 的经验质量传递方程,这种方法对平行风的液体表面蒸发是适用的。他研究了平原地区或空阔地域大气中的毒气扩散,在计算下风处浓度时采用了 Sutton 方法[60]。文中提到的液体推进剂类型与我国使用的还是有很大的区别,并且美国航天发射场环境为沙漠环境,故其研究成果对于我国液体推进剂储存安全的使用存在一定的局限。

装备指挥技术学院的陈新华等人研究了航天发射场液体推进剂爆炸及其后果评估方法,提出了一些扩散模型[61]。这些模型中的有害气体源强基于高斯点源,使用的是高斯浓度公式计算扩散气体的质量浓度。总装备部军事医学研究所的丛继信工程师分析了发射场液体推进剂泄漏模式和泄漏量,泄漏液体的扩散和蒸气的逸散,计算出推进剂泄漏时工作区域的蒸气质量浓度和下风向中毒范围,在气体扩散模拟中运用了高斯模型。国内、外对描述气体扩散的模型有比较详细的研究,高斯模型只能用来分析气体浓度比空气密度小或者与空气密度相差不大的气体,因此在应用中还不能完全表达液体推进剂气体扩散的情况,需要引入新的气体扩散模型来描述液体推进剂储存的泄漏扩散。总装备部工程设计研究总院的侯瑞琴高级工程师也基于高斯模型给出了液体推进剂泄漏量的计算模型,给事故以定量化计算,但没有进一步分析事故后的危害。

液体推进剂一旦出现泄漏,液体迅即蒸发,呈羽状在大气中逸散、飘浮,因其密度高于空气,推进剂蒸气在重力作用下逐渐下降,因此在研究液体推进剂泄漏后扩散时应使用重气扩散模型。而在液体推进剂扩散模型的研究中未出现过应用重气扩散模型及方法的报道,当推进剂蒸气与空气混合后的密度接近空气密度时,重力下沉与浮力上升作用可以忽略,扩散主要是由空气的湍流决定的,此时方可采用高斯扩散模型。因此在分析液体推进剂储存、运输中泄漏扩散的模拟和危害性时,引入重气扩散模型。

　　由于偏二甲肼均是大量的、长期储存的,偏二甲肼储库作为大量储存偏二甲肼的场所,大多数位于地下,具有场景复杂、危险性高、管理较困难等特点。如果遇到地震、泥石流等自然灾害,人为破坏和材料失效等都会引起储库内偏二甲肼泄漏,很有可能发生灾难性的火灾和爆炸等后果,特别是在偏二甲肼和四氧化二氮同库储存情况下,其面临的安全威胁更大。

　　随着我国科技的不断发展,偏二甲肼产生的环境问题和安全问题也日益引起人们的重视。偏二甲肼泄漏与人、物、环境等因素有关,研究偏二甲肼泄漏后形成池火的燃烧特性变得尤为重要,并且对偏二甲肼储库安全隐患的预防有指导意义。本书主要是对泄漏偏二甲肼形成池火灾的燃烧特性进行实验研究和数值模拟分析。

1.6　液体推进剂泄漏着火及相关基础研究现状

1.6.1　偏二甲肼火灾特性

　　偏二甲肼的易挥发,易扩散,流动容易产生静电、着火及爆炸等危险特性,决定了偏二甲肼具有极大的火灾危险特性。因此了解并掌握偏二甲肼的火灾危险特性对于预防其事故的发生,提高偏二甲肼在储存、运输过程中安全可靠性和有效性都有着非常重要的意义。

1.6.2　池火灾国内、外研究现状

　　由于偏二甲肼是一种航空、航天和军事用燃料,各国对其研究内容有保护,涉及偏二甲肼池火的资料较难查到,但是相关研究人员对柴油、汽油、酒精、航空煤油等液体燃料的池火灾研究已经相对成熟,尤其是液体推进剂航空煤油的研究已经取得了较深入的成果。因此,在这里可以借鉴和参考柴油、汽油、酒精、航空煤油等燃料池火灾的研究方法来解决本书的相关问题。

　　国外对于池火的研究较早,从 20 世纪 50 年代以来,美、日、英等发达国家对室内池火和开放环境中的池火做了大量深入而细致的研究工作,研究内容涉及实验研究、理论分析和数值模拟等。研究规模经历了从模拟实验到实际规模实验,从单罐池火灾、多罐池火灾到泄漏池火灾的发展过程,获得了很多有价值的实验数据,建立了池火灾的众多关系模型。这些关系模型用来静态地表征池火灾的燃烧过程、热特性以及相关因素的影响。虽然国内在池火的研究上有一定的滞后,但是经过近几十年的努力,也取得了较好的成果,以中国科学技术大学、南京工业大学、北京理工大学等高校和公安部天津消防所等为代表,取得了相当不错的成果,其中中国科学技术大学还根据国际标准建立了火灾科学国家重点实验室。

　　1. 实验研究现状

　　在火灾科学的研究中,实体实验是探索火灾发生规律的直接方法,用实验对实际火灾发生和发展过程进行再现或者预测是很有必要的。由于场景影响范围广,燃烧复杂,花费较大等原因造成实际火灾实体实验不容易实现,所以在某些情况下常常用模拟实验来代替,常用的模拟实验有盐水模拟实验和小尺度模拟实验。池火燃烧速率、火焰高度、火焰温度和热辐射强度等是池火灾研究中的重要参数,现在从下述几方面对池火的实验研究现状进行综述。

　　Blinov 和 Khudiakov[62]对不同燃料不同直径的油池火进行了实验研究,结果表明,燃烧速率在池直径小于 1cm 时数值很大,在直径为 0.1m 左右达到最小值;并且研究了不同风速条件下池火燃烧速率的变化规律。实验采用圆形油池,直径范围为 0.15～0.20m,燃料为柴油、

汽油、煤油和重油,最大风速为 25m/s,结果表明:在实验风速范围内,重油的燃烧速率为一恒定值,其他 3 种燃料的燃烧速率随风速的增大而增大,并最终趋于恒定。

文献[63]最早提出应用基本的传热原理和能量守恒定律来计算燃烧速率,并指出影响不同直径的油罐燃烧速率的主要的传热方式。Hamins[64]利用燃烧过程中热量传递的特点,建立了燃烧速率的相关模型,该模型适用于单一碳氢化合物的计算,但不能用于混合物计算。Babrauskas[65-66]通过搜集大量的相关文献,汇总了多种燃料(汽油、天然气、乙醇、甲醇)的燃烧速率,提出了燃烧速率的计算公式,认为燃料在无限大的直径燃烧时存在一个极限燃烧速度,实际的燃烧速率要小于该值;给出了不同直径液池在无风条件下的燃烧模式,见表 1-4。同时,Babrauskas 认为环境温度、湿度、风速等外界因素对池火的燃烧速率有显著影响,在有风条件下,一定范围内池火的燃烧速率随风速的增大而减小。Chatris 等人[67]对直径为 1.5 m,3 m,4 m 的汽油和柴油进行池火实验,得出了质量燃烧速率和油池直径之间的关系式。

表 1-4　不同直径液池的燃烧模式

燃烧模式	对流,层流	对流,湍流	辐射,光学薄	辐射,光学厚
D/m	<0.05	$0.05\sim0.2$	$0.2\sim1.0$	>1.0

Alger 等人[68]研究发现,航空煤油(油盘直径 0.9~15 m)的燃烧速率随风速增大而减小,当风速为 6 m/s 时,直径 1 m 的航空煤油池火燃烧速率仅为无风条件燃烧速率的 1/2。

Thomas,Brotz,Heskestad[69-71]通过大量实验研究,推导出 3 个火灾分析中的重要参量——火焰平均高度的经验公式,并进一步研究了圆柱形火焰的火焰几何尺寸和几何形状,确定了池火的表面热通量、热辐射的空间传播规律,破坏准则等几个问题。3 人推算出的火焰高度经验公式适用范围不尽相同,Thomas 是以木垛火实验为基础,在无风条件下进行的,其推导出的公式适合于燃烧率比较高的燃料形成的池火灾和大直径池火灾,其预测值略大于实际值;Brotz 推导的火焰高度公式是以油池火灾实验为基础的;Heskestad 推导的火焰高度公式是以小尺寸池火灾为基础的,适合直径较小的池火灾火焰长度,当直径较大时,预测值明显偏大。

Venkatesh[72]对小尺寸油池火进行了实验,利用粒子跟踪激光技术、高速摄像仪及热电偶测量研究火焰结构,认为火焰结构可能由动力控制,也可能由浮力控制,取决于雷诺数(Re)和弗劳德数(Fr)。Eulàlia 和 Joaquim[73]通过正己烷(4 m²)和煤油(12 m²)池火焰实验研究,建立了烃类池火灾的火焰温度随时间和火焰高度变化的经验关系模型。

Bake 等人[74]对热辐射的破坏准则、池火灾危险性分析的算法等几个问题进行了研究。M. Muñoz,J. Arnaldos,J. Casal[75]利用红外热像技术对柴油和汽油池火的燃烧速率、火焰几何尺寸以及对周围产生的辐射分布规律进行了研究。

魏东[76]对直径为 1.0 m,1.5 m 和 2.7 m 的汽油和柴油储罐进行了火灾实验,研究了油品的瞬时燃烧速度和平均燃烧速度的变化规律,结果表明:油品的种类和油罐直径对平均燃烧速度影响较大;油初温的升高、风速的加大以及油位的升高都会使油品燃烧速度加快。在此基础上,拟合了相应条件下的实验关联式,并简要分析了各种影响因素的燃烧学机理。

庄磊[77]研究了无风和有风状态下航空煤油的燃烧速率,得出结论:在无风条件下,航空煤油池火燃烧速率随油池的直径增加而增加。在有风条件下,直径较小(0.15 m,0.20 m 和

0.30m)油池的燃烧速率随风速(0～0.5 m/s)的增加而增加,风速增加到一定值后基本保持不变;较大直径(0.60m)油池的燃烧速率受风速变化影响范围不大,基本保持不变。童琳[78]研究了不同风速下的航空煤油池火的热释放速率、燃烧速率等,定性定量分析了数据,得到了航空煤油池火在不同风速条件下的燃烧规律。另外,中南大学与中国科学技术大学研究人员对柴油池火在实验尺度下的热释放速率及燃烧效率进行了研究。

苏琳等人[79]对 93# 汽油、0# 柴油和 95% 的乙醇进行了自由燃烧实验,得出 3 种燃料的质量损失速率、燃烧速度、热释放速率、火焰温度等参数,并拟合出了相应的曲线关系式。中国科学技术大学杨立中等人[80]对碳氢燃料泄漏火灾火焰热辐射强度进行估算,讨论了风速对火灾倾角的影响,并总结了热辐射强度对人体的危害程度的关系,得出了人体疼痛与受辐射时间的关系。天津大学杨君涛[81]用直径为 1 m,1.5 m 和 2.7 m 的汽油和柴油储罐进行了池火灾实验,测量了火焰内部温度和相邻储罐罐壁温度的空间分布规律,研究了热辐射水平和垂直方向的分布规律。

综上所述,国内、外对于各种燃料的池火有了深入研究,并且使用了多种方法对池火相关参数进行了测定,得到了多种燃料池火的燃烧规律。

2.数值模拟研究现状

由于火灾实验的特殊性,具有投入精力较大、耗时久、效率不高等缺陷,实验过程又受到安全、环保、经济等因素的制约,再加上实验环境和气候条件多变,导致实验得出的结果说服力不强,即使用相应的实验模型对实验现象进行估计也常常得不到满意的结果。而随着计算机模拟技术的飞速发展,使用计算机模拟技术对火灾的发展过程和火灾事故的危害等研究已经日趋成熟。

火灾的数值模拟是由火灾学、数值数学、计算机科学等多学科交叉结合的产物。它以计算机为主要设备,采用离散数值法,对火灾中的流体运动、传热特性等问题进行数值模拟研究,用以解决火灾过程中的实际问题,揭示火灾现象的内在机制。火灾过程的数值模拟分为经验模拟、半物理模拟和物理模拟 3 个层次。如图 1-1 所示为火灾过程物理模拟层次。

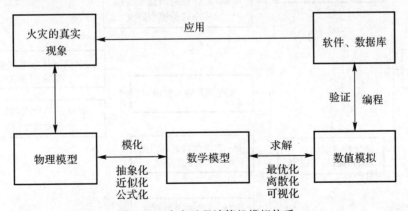

图 1-1　火灾过程计算机模拟体系

Sinai[82-83]采用标准紊流模型先后利用 CFX 和 CFDS-FLOW3D 对无风和横向风情况下的 20m 直径煤油油池火灾进行了模拟研究,模拟出了涡流的产生、压力分布、温度的分布、速度分布等,发现油池的形状、围堤的高度等都会对火焰产生影响,且证明紊流模型也可以用于

CFD 软件模拟。

Sudheer S 等人[84]对液池直径为 0.3 m,0.5 m,0.7 m 和 1 m 的汽油池火进行了实验和数值模拟研究,对比热通量、温度等数据,得出 FDS 模型能够较好地模拟池火。另外,FDS 在仓库、隧道、地铁等空间都可以对其火灾进行模拟分析。

此外,采用数值模拟技术对火灾事故进行调查也有了较深入的研究。美国国家标准与技术研究院(NIST)和火灾研究实验室使用 FDS 模拟了 1999 年 Iowa 州的一所公寓发生的大火,模拟获得了火源位置、烟气蔓延过程等重要信息[85]。Kefalas 等人[86]利用 CFD 的方法对一起农药储库室外火灾进行了数值模拟分析,得到了火灾发生的因果顺序,这也证明了利用 CFD 技术可以较好地模拟池火在不同条件下的烟气运动。

姜蓬等[87]通过改造部分 FDS 的源程序,对某大厦特大火灾坍塌事故的火灾扩展进行了数值模拟分析,并将计算出的能见度、温度及热通量发展趋势等数据与现场调查结果进行对比,从而解决了火灾现场勘测无法确定的难题。

目前并没有专门针对池火灾的场模型,为了研究池火灾的燃烧规律和辐射特性等,笔者查阅了大量国内、外文献,搜集了比较常用的 17 种场模型[88-92]。通过对 17 种模型的基本特点和应用范围进行比较和分析,筛选确定了 FLUENT、FDS 等 7 种适用于模拟燃料池火灾的软件,最终根据经验及软件特点,选用 FDS 作为数值模拟软件对偏二甲肼池火灾进行研究。

1.7　本书的总体结构

本书总体结构分为 2 个模块 5 个部分,其组织结构框架如图 1-2 所示。

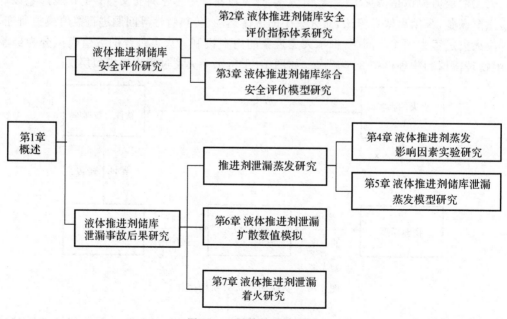

图 1-2　总体结构示意图

本书采用调研、实际分析、实验研究、理论分析研究和计算机计算相结合的研究方法,介绍了液体推进剂储库安全评价和泄漏后果的分析方法,主要内容分为 7 章。

第 1 章概述,主要介绍本书的研究背景、推进剂储库泄漏及其危害研究的基础,以及相关研究现状。

第 2 章和第 3 章为推进剂储库安全评价研究,其中第 2 章通过对安全理论的研究分析,从液体推进剂储库的特点出发,考虑对已知条件的利用,研究建立液体推进剂储库安全评价指标体系,为储库的安全评价构建基础。第 3 章将模糊数学方法引入推进剂储库安全评价,建立推进剂储库安全模糊综合评价方法,并进行应用。

第 4~7 章为液体推进剂储库泄漏事故后果研究,所占篇幅较大。第 4 章和第 5 章是推进剂泄漏蒸发的研究,其中第 4 章研究影响推进剂蒸发的因素,主要是风速、泄漏液池面积、温度、湿度等 4 个因素,对偏二甲肼和四氧化二氮蒸发速率进行实验研究,获得液体推进剂蒸发的动力学特性。第 5 章是在第 4 章研究的基础上,对实验数据进行处理分析,提出储存条件下液体推进剂蒸发模型。第 6 章是储库推进剂泄漏扩散数值模拟研究,利用 FLUENT 软件,建立液体推进剂储库物理模型,对液体推进剂储库泄漏后的状态进行数值模拟和分析。第 7 章研究偏二甲肼储库泄漏液池着火模型,探索偏二甲肼储库火灾对储库内部温度、热辐射、烟气浓度、氧气浓度及二氧化碳浓度的影响规律,研究结果有助于合理设置储库消防、降温及排风设施,对于泄漏事故应急抢险及抢险人员的个人防护等都有重要指导意义。

参 考 文 献

[1] GB 18218—2009.危险化学品重大危险源辨识[S]. 北京:中国标准出版社,2009.

[2] 王爱玲.偏二甲肼燃料库危险性评价方法探讨[J].中国安全科学生产技术,2005(5):76-78.

[3] 黄彩妹,贾瑛,樊秉安.液体推进剂的环境风险分析和管理对策[J].上海航天,2003(5):54-56.

[4] 李新其,刘祥萱,李红霞.液体推进剂贮运可靠性模糊故障树方法研究[J].火箭推进,2004,30(5):31-35.

[5] 王青锋,刘祥萱,王煊军.液体推进剂泄漏风险评价新方法[J].工业安全与环保,2007,33(3):58-60.

[6] 丛继信,龚时雨,胡文祥,等.航天发射场常规液体推进剂作业危险性评估[J].安全与环境学报,2003,3(1):49-53.

[7] 丛继信,张光友,曹晔,等.危险评价方法及在液体火箭推进剂作业中的应用[J].导弹与航天运载技术,2004(3):30-36.

[8] 丛继信,胡文祥,张光友,等.常规液体推进剂作业安全性研究[J].导弹与航天运载技术,2003(4):33-40.

[9] 丛继信,张光友,曹晔,等.火箭推进剂作业安全评价模式及方法[J].上海航天,2005(2):59-64.

[10] 丛继信,龚时雨,张光友,等.发射场液体推进剂毒性危险性的定量分析[J].上海航天,2003(4):38-41.

[11] 王爱玲.偏二甲肼燃料库危险性评价方法研究[J].火箭推进,2006,32(2):58-63.

[12] 侯瑞琴.航天靶场液体推进剂的泄漏研究与污染控制[J].安全与环境学报,2002,2(5):

39 - 41.

[13] 贾瑛,赵后随.液体推进剂泄漏应急处理[J].上海航天,2003(1):60 - 62.

[14] 刘建才,王煊军,李正莉,等.阵地大型推进剂贮罐的泄漏及其防治[C]//王煊军.化学推进剂应用技术研究进展.北京:国防工业出版社,2005:178 - 181.

[15] 俞天骥,张宝真.导弹和火箭推进剂损害的防护[M].中国人民解放军总后勤部卫生部,1983.

[16] 王煊军,刘祥萱,杨蓉.液体推进剂分析[M].北京:第二炮兵装备部,2002.

[17] Mackenzie L D, David A C. Introduction to Environmental Engineering(环境工程导论)[M]. 3rd ed. 王建龙,译.北京:清华大学出版社,2002:458 - 459.

[18] Technica, Ltd. Techniques for Assessing Industrial Hazards (A Manual)[M]. Washington, D. C.:The World Bank,1988.

[19] HJ/T 169—2004. 建设项目环境风险评价技术导则[S]. 北京:国家环境保护总局,2004.

[20] 张毅. 几种蒸发模型的分析[J]. 新疆大学学报,1995,12(3):91 - 95.

[21] Nielsen F, Olsen E, Fredenslund A. Prediction of Isothermal Evaporation Rates of Pure Volatile Organic. Compounds in Occupational Environments —a Theoretical Approach Based on Laminar Boundary Layer Theory[J]. Annual Occupation Hygiene,1995,39 (4): 497 - 511.

[22] Anqus D E, Watts P J. Evapotranspiration — How Good is the Bowen Ratio Method [J]. Agtic Water Met, 1984(8):133 - 150.

[23] Fingas M F. Studies on the Evaporation of Crude Oil and Petroleum Products (Ⅱ): Boundary Layer Regulation[J]. Journal of Hazardous Materials, 1998,54:41 - 58.

[24] Mackay D, Matsugu R S. Evaporation Rates of Liquid Hydrocarbon Spills on Land and Water[J]. The Canada Journal of Chemical Engineering,1973, 51(8):434 - 439.

[25] Reijnhart R, Piepers J, Toneman L. H1 Vapor cloud dispersion and the evaporation of volatile liquids in atmospheric wind fields (Ⅰ): Theoretical model Atmospheric Environment , 1980 , 14: 751 - 758.

[26] Reijnhart R, Piepers J, Toneman L. H1 Vapor cloud dispersion and the evaporation of volatile liquids in atmospheric wind fields (Ⅱ): Wind tunnel experiments Atmospheric Envi ronment,1980, 14:759 - 762.

[27] Studer D W, Cooper B A, Doelp L C. Vaporization and Dispersion Modeling of Contained Refrigerated Liquid Spills[J]. Plant/Operations Progress, 1988, 7(2): 127 -135.

[28] Brighton P W M. Evaporation from a Plant Liquid Surface into a Turbulent Boundary Layer[J]. Journal of Fluid, 1985, 159:323 - 345.

[29] Boyadjiev C, Boyadjiev B. On the Non - stationary Evaporation Kinetics (Ⅰ): Mathematical Model and Experimental Data[J]. International Journal of Heat and Mass Transfer, 2003, 46:1679 - 1685.

[30] Boyadjiev B, Boyadjiev C. On the Non-stationary Evaporation Kinetics (Ⅱ):

Stability[J]. International Journal of Heat and Mass Transfer, 2003, 46: 1687 - 1692.

[31] Kunsch J P. Two - layer Integral Model for Calculating the Evaporation Rate from a Liquid Surface[J]. Journal of Hazardous Materials, 1998, 59: 167 - 187.

[32] 濮培民. 水面蒸发与散热系数公式研究[J]. 湖泊学报, 1991, 5 (1):1 - 10.

[33] 武金慧, 李占斌. 水面蒸发研究进展与展望[J]. 水利与建筑工程学报, 2007, 3(5):46 - 50.

[34] 李万义. 适用于全国范围的水面蒸发量计算模型的研究[J]. 水文, 2000, 20(4):13 - 17.

[35] 李毅. 基于单相关系数法的水面蒸发预报研究[J]. 地下水, 2010, 32(2):113 - 114.

[36] 潘旭海, 蒋军成, 龚红卫. 单组分液体蒸发过程动力学特性[J]. 化工学报, 2006, 57(9):2058 - 2061.

[37] Kunsch J P. Two - layer Integral Model for Calculating the Evaporation Rate from a Liquid Surface[J]. Journal of Hazardous Materials, 1998, 59:167 - 187.

[38] Lennert A, Nielsen F, Breum N O. Evaluation of evaporation and concentration distribution models —a test chamber study[J]. Annual Occupation Hygiene, 1997, 41(6):625 - 641.

[39] Joint Army - Navy - NASA - Air Force Hazards Working Group. Chemical Rocket Propellant Hazards: Genenal Safety Engineering Design Criteria (Vol. Ⅰ) [R]. AD - 0889763, 1971.

[40] Baker W E, Kulesz J J, Ricker R E, et al. Workbook for Predicting Pressure Wave and Fragment Effect of Exploding Propellant Tanks and Gas Storage Vessels [R]. ADA279535, 1975.

[41] Baker W E, Kulesz J J, Ricker R E, et al. Workbook for Estimating Effects of Accidental Explosions in Propellant Ground Handling and Transport Systems [R]. N79 - 10226, 1978.

[42] 车著名. 液体火箭推进剂不同模式爆炸后的危害性分析[J]. 靶场试验与管理, 2005(4):7 - 15.

[43] Adamel A M, et. al. Simulation the Spread of the Rocket Propellant Liquid - droplet Components cloud [C]//International Conference on Methods of Aerophysical Research, 2008:1 - 8.

[44] 陈新华, 向四桂. 液体火箭爆炸地面有害气体生成与扩散分析[J]. 爆炸与冲击, 2005, 25(4):353 - 358.

[45] 陈新华, 向四桂, 佟连捷, 等. 液体火箭爆炸地面推进剂残余量实验研究[J]. 推进技术, 2001, 22(5):151 - 154.

[46] 侯瑞琴. 液体推进剂泄漏时的安全疏散距离[J]. 清华大学学报:自然科学版, 2010, 50(6):928 - 931.

[47] 王丽萍. 大气污染控制工程[M]. 北京:煤炭工业出版社, 2002:31 - 32.

[48] 谷清, 李云生. 大气环境模式计算方法[M]. 北京:气象出版社, 2002:20 - 25.

[49] 陈国华. 风险工程学[M]. 北京:国防工业出版社, 2007:164 - 166.

［50］ Britter R E，McQuaid J. Workbook on the Dispersion of Dense Gases［R］. HSE Contract Research Report No. 17/1988，1988.

［51］ Puttock J S. A model for Gravity－dominated Dspersion of Dense－gas Clouds［C］// Puttock J S. Stably Stratified Flow and Dense Gas Dispersion. Oxford University Press，1988：233－259.

［52］ Hankin R K. Heavy Gas Dispersion Integral Models and Shallow Layer Models［J］. Journal of Hazardous Materials，2003，103（1/2）：1－10.

［53］ 李磊，张立杰，等.Fluent 在复杂地形风场精细模拟中的应用研究［J］.高原气象，2010，29（3）：621－628.

［54］ 潘旭海，蒋军成.重气云团瞬时泄漏扩散的数值模拟研究［J］.化学工程，2003，31（1）：35－39.

［55］ 龙长江，齐欢.气体储罐泄漏扩散模拟研究［J］.数学的实践与认识，2006，36（6）：110－114.

［56］ 邵辉，施志荣.化工重大泄漏事故扩散过程的数值模拟［J］.江苏工业学报，2006，18（2）：26－29.

［57］ Hou Ling，Zhu Renqing，et al. The Two－dimensional Study of the Interaction between Liquid Loshing and Elastic Structures［J］. Journal of Marine Science and Application，2010，9：192－199.

［58］ 樊勇保，李晓桥，等.基于 Fluent 的高炉风口流场和温度场的模拟［J］.特种铸造及有色合金，2009，29（4）：324－326.

［59］ 李勇，辛龙胜.基于 Fluent 的脉冲袋式除尘器内气流流场的数值模拟［J］.青岛科技大学学报，2010，31（2）：177－181.

［60］ 车著名.推进剂泄漏后的扩散模式分析［J］.航天器发射场，2004（3）：11－18.

［61］ 陈新华，聂万胜.液体推进剂爆炸危害性评估方法及应用［M］.北京：国防工业出版社，2005：39－219.

［62］ Blinov V I，Khudyakov G N. Diffusion burning of liquids［R］. Army engineer research and development labs fort belvoir va，1961.

［63］ Hamins A，Kashiwagi T，Robert. Characteristics of Pool Fire Burning［R］. Building and Fire Research Laboratory，National Institute of Standards and Technology，Gaithersburg，MD，1996.

［64］ Hamins A，Yang J C，Kashiwagi T. A Global Model for Predicting the Burning Rates of Liquid Pool Fires［R］. Building and Fire Research Laboratory，National Institute of Standards and Technology，NISTIR 6381，1999.

［65］ Babrauskas V. Free Burning Fire［J］. Fire Safety Journal，11（1）：33－35.

［66］ Babrauskas V. Estimating large pool fire burning rates［J］. Fire Technology，1983，19（4）：251－261.

［67］ Chatris JM，Quintela J，Folch J，et al. Experimental study of burning rate in hydrocarbon pool fires［J］. Combustion and flame，2001，126（1）：1373－1383.

［68］ Alger R S，Capener E L. Aircraft Ground Fire Suppression and Rescue Systems：

Basic Relationships in Military Fires，Phases I and II［M］. Tri – Service System Program Office for Aircraft Ground Fire Suppression and Rescue，1972.

[69] Thomas PH. The Size of Flames from Natural Fires［J］. Symposium (International) on Combustion，1963，9(1)：844 – 859.

[70] Brotz W，Sehonbueher A，Sehbale R. Statistieal. Investigations of Pool Flames. int. Loss Prevention Symp［J］. 1977，5：112 – 116.

[71] Heskestad G. Engineering relations for fire plumes［J］. Fire Safety Journal，1984，7 (1)：25 – 32.

[72] Venkatesh S，Ito A，Saito K，et al. Flame base structure of small – scale pool fires ［C］//Symposium (International) on Combustion. Elsevier，1996，26(1)：1437 – 1443.

[73] Eulalia PC，Casal J. Modeling Temperature Evolution in Equipment Engulfed in Pool Fire［J］. Fire safety journal，1998，30(3)：251 – 268.

[74] Baker W E，Cox P A，Westine P S，et al. Explosion Hazards and Evaluation Elsevier ［J］. 1983，6：22 – 28.

[75] Muqoz M，Arnaldos J，Casal J，et al. Analysis of the geometric and radiative characteristics of hydrocarbon pool fires［J］. Combustion and Flame，2004，139(3)：263 – 277.

[76] 魏东,赵大林,杜玉龙,等.油罐火灾燃烧速度的实验研究[J].燃烧科学与技术,2005,11 (3):286 – 291.

[77] 庄磊.航空煤油池火热辐射特性及热传递研究[D].合肥:中国科学技术大学,2008.

[78] 童琳.通风条件航空煤油池火燃烧特性的研究[D].合肥:中国科学技术大学,2010.

[79] 苏琳,王丽晶,王志辉,等.自由燃烧下油池火灾的燃烧特性研究[J].消防科学与技术, 2011,30(8):668 – 670.

[80] 杨立中,周晓冬,廖光煊,等.碳氢燃料泄漏火灾火焰热辐射强度估算[J].中国安全科学 学报,1999,9(1):35 – 38.

[81] 杨君涛,魏东,李思成,等.基于油罐火灾数值模拟的模型选取与分析[J].中国安全科学 学报,2004,14(1):28 – 33.

[82] Sinai Y L，Owens M P. Validation of CFD Modeling of Unconfined Pool Fires with Cross – Wind：Flame Geomerty［J］. Fire Safety，1995，24：1 – 34.

[83] Sinai Y L，Owens M P. CFD Modeling of Unconfined Pool Fires in the Absence of Cross – Wind［J］. First European Symposium of the Intenrational Association of Fire Safety Science,1995：21 – 23.

[84] Sudheer S，Saumil D，Prabhu S V. Physical experiments and Fire Dynamics Simulator simulations on gasoline pool fires［J］. Journal of Fire Sciences，2013，31 (4)：309 – 329.

[85] Madrzykowski D，Forney G P，Walton W D. Simulation of the Dynamics of a Fire in a Two – story Duplex – Iowa，December 22，1999［M］. Building and Fire Research Laboratory，National Institute of Standards and Technology，2002.

[86] Kefalas D A, Christolis M N, Nivolianitou Z, et al. Consequence analysis of an open fire incident in a pesticide storage plant[J]. Journal of loss prevention in the process industries, 2006, 19(1): 78 - 88.

[87] 姜蓬,邱榕,蒋勇. 基于数值模拟的某大厦特大火灾过程调查[J]. 燃烧科学与技术, 2007,13(1):76 - 80.

[88] Olenich S M, Carpenter D J. An Updated International Survey of Computer Models for Fire and Smoke[J]. Journal of Fire Protection Engineering. Society of Fire Protection Engineers, Bethesda, MD, 2003, 13(5): 87 - 110.

[89] Friedman R. An International Survey of Computer Models for Fire and Smoke[J]. Journal of Fire Protection Engineering, 1992, 4(3): 81 - 92.

[90] Bounagui A, Benichou N. Literature Review on the Modeling of Fire Growth and Smoke Movement[J]. 2003.

[91] 霍然,袁宏永. 性能化建筑防火分析与设计[M]. 合肥:安徽科学技术出版社,2003.

[92] 杨君涛. 油罐火灾的数值模拟与实验研究[D]. 天津:天津大学,2005.

第2章 液体推进剂储库安全评价指标体系研究

安全评价的核心问题是确定评价指标体系,是采用哪些指标或标准去评价、估量一个系统安全水平的基础。指标体系是否科学、合理,既关系到安全评价工作的质量,也直接影响到推进剂储库的安全管理工作,建立储库安全评价指标体系应依照事故的产生原因,符合安全评价的基本原理,所选取的评价指标应能够反映推进剂储存过程的特性、状态或事故的信息。本章主要工作是阐明指标体系建立的原则和方法,并通过分析影响液体推进剂储库安全的因素,构建具有层次划分的、指标内涵丰富的、指标之间有机联系的、科学的、可操作性强的推进剂储库安全评价指标体系。

2.1 安全评价的基本理论

2.1.1 事故致因理论

安全事故的发生通常是由诸多因素共同作用的结果,而这些因素之间,究竟通过什么方式的相互作用导致了事故的发生,就形成了事故致因理论。事故致因理论主要有事故频发倾向理论、海因里希理论、能量意外释放论和两类危险源理论。各个理论对事故的形成有其不同的诠释,下面作一简要介绍[1]。

1. 海因里希理论

20世纪二三十年代,美国的 H. W. Hein rich 出版了流传全世界的《工业事故预防》一书。作者在这本书中阐述了工业事故发生的因果连锁论,用多米诺骨牌来形象地描述这种事故因果连锁。在多米诺骨牌系列中一颗骨牌被碰倒,则将发生连锁反应,其余的骨牌将相继被碰倒。如果移去其中的一颗骨牌,则连锁被破坏,事故过程将被终止。

2. 能量意外释放论

人类利用能量做功,必须控制能量。在日常的生产生活中,能量受到种种约束和限制,按照人们的意志流动、转换和做功,能够很好地为人们服务。如果由于某种原因能量失去了控制而意外地逸出或释放,则发生了事故。Zabetak 调查了大量伤亡事故发现,大多数伤亡事故发生都是由危险物质的意外释放引起的,并且毫无例外。

3. 两类危险源理论

事故致因因素种类繁多,非常复杂,在事故发生发展过程中起的作用也不相同。根据危险源在事故发生中的作用,把危险源划分为两大类:即生产过程中存在的,可能发生意外释放的能量(能源或能量载体)或危险物质称为第一类危险源;而把一些导致能量或危险物质约束或限制措施失效的各种因素称为第二类危险源。一起事故的发生是两类危险源共同起作用的结果。第一类危险源的存在是事故发生的前提,没有第一类危险源就谈不上能量或危险物质的意外释放,也就无所谓事故。另一方面,如果没有第二类危险源破坏对第一类危险源的控制,也就不会发生能量或危险物质的意外释放。在事故的发生、发展过程中,两类危险源相互依存,相辅相成:第一类危险源在事故发生时释放出的能量是导致人员伤害或财物损失的能量主体,决定事故后果的严重程度;第二类危险源出现的难易决定事故发生的可能性大小。两类危险源共同决定危险源的危险性。

2.1.2 安全评价基本原理

当实施安全风险评价时,虽然被评价的领域、种类、方法、手段类型繁多,并且评价系统及评价方法、特性、特征条件等随机性较大,但评价的思维方式却是一致的。安全评价基本原理主要有以下几种[2-3]。

1. 相关性原理

一个系统,其属性、特性与事故和职业危害存在着因果的相关性,这是系统因果评价方法的理论基础。安全评价把研究的所有对象都视为系统。系统是指为实现一定的目标,由许多个彼此有机联系的要素组成的整体。系统有大小之分,各式各样,但目的性、集合性、相关性、整体性、适应性是所有系统都具有的普遍特征。每个系统都有其自身的总目标,构成系统的所有子系统都有其各自的分目标。只有使各个子系统的目标都达到最佳,才是系统工程要解决的问题。系统的整体目标是由组成系统的子系统、单元综合发挥作用的结果。因此,不仅系统与子系统、子系统与单元有着密切的关系,而且各子系统之间、各单元之间、各元素之间,也都存在着密切的相关关系。因此,在评价过程中只有找出这种相关关系,并建立相关模型,才能正确地对系统的安全做出评价。

对系统进行安全评价,就是要寻找具有最佳组合的系统结构,给出最安全的系统结合方式。因此,在评价之前要研究与系统安全有关的组成要素之间的相关关系,以及它们在系统之间的相关形式和相关程度的给出量的概念。这就需要明确哪个要素对系统有影响,是直接影响还是间接影响;哪个要素对系统影响大,达到什么程度,彼此是线性相关,还是指数相关等。要做到这一点,就要在分析大量事故资料的基础上,得出相关的影响关系图。

2. 类推关系

在类似、相似、相符,具有同样的形式、结构或关系等意义上被广泛使用的一个概念——类比推理。类比推理是人们经常使用的一种逻辑思维方式,指已知两个不同事件之间存在着某些相同或相似的属性,从一个已知对象具有某个属性来推出另一个对象具有此种属性的一种推理。它在安全生产、安全评价中有着特殊的意义和重要的作用,经常被人们用来类比同装置或类似装置的职业安全卫生的经验、教训,采取相应的对策、措施防患于未然,实现安全生产。

3. 惯性原理

任何事物在其发展过程中,从其过去到现在以及延伸到将来,都具有一定的延续性,这种延续性称为惯性。利用惯性可以研究一个事物或评价项目或系统的未来发展趋势。利用惯性原理进行评价时应注意以下两点:

(1)惯性的大小。惯性越大,影响越大;反之,则影响越小。

(2)惯性的稳定性。一个项目或系统的惯性是这个系统内的各个内部因素之间互相联系、互相影响、互相作用,按照一定的规律发展变化的一种状态趋势。因此,只有当系统是稳定的,受外部环境和内部因素的影响产生的变化较小时,其内在联系和基本特征才能延续下去,该系统所表现的惯性发展结果才基本符合实际。但是,绝对稳定的系统是没有的,因为事物发展的惯性,在外力作用下,可使其加速或减速甚至改变方向。这样就需要对一个系统的评价进行修正,即在系统主要方面不变,而其他方面有偏离时,就应根据其偏离程度对所出现的偏离现象进行修正。

4. 量变到质变原理

任何一个事物在发展变化过程中都存在着从量变到质变的规律。同样,在一个系统中,许多有关安全的因素也都存在着量变到质变的规律。在评价一个项目或系统的安全时,也都离不开从量变到质变的原理。因此,在安全评价中,考虑各种危险因素、有害因素对人体的危害,以及采用的评价方法进行登记划分等,均需要应用量变到质变的原理。

上面4个基本原理是人们经过长期总结、实践得出的,是应用于安全评价过程中的指导性理论,并以此创造出各种评价理论。

2.1.3　安全评价基本方法

随着科学技术的不断发展和进步,各种新理论和方法逐步应用到安全工程学中,国内、外已经研究开发出许多种不同特点、不同适用对象和范围、不同应用条件的评价方法和商业化安全评价软件[4]。常用的安全评价方法分为定性方法、半定量方法和定量方法。

(1)定性安全评价方法(Qualitative Safety Assessment)。定性安全评价方法主要是根据经验和判断对生产工艺、设备、环境、人员、管理等方面的状况进行的定性安全评价。该方法包括安全检查表法(Safety Checklist Analysis, SCA),预先危险性分析(Preliminary Hazard Analysis, PHA),破坏模式和效果分析(Failure Mode Effects Analysis, FMEA),危险与可操作性研究(HAZard and OPeration study, HAZOP),事故树分析(Fault Tree Analysis, FTA)等。定性安全评价方法可根据专家的观点提供高、中、低风险的相对等级,但是危险性事故的发生频率和事故损失后果均不能量化。

(2)半定量安全评价方法(Semi - quantitative Risk Assessment)。半定量安全评价方法建立在实际经验的基础上,首先为事故发生后果和事故发生频率各分配一个指标,然后经过简单的数学运算将相对应的事故频率和严重程度的指标进行组合,从而形成一个相对的风险指标。半定量安全评价方法包括打分的检查表法、道(Dow)化学指数法、ICI蒙德(Mond)法、风险评价指数矩阵法(Risk Assessment Code, RAC)、格雷姆-金尼、化工安全定量评价法和日本劳动省化工安全定量评价法等,半定量安全评价方法允许使用一种统一而有条理的处理方法把风险划分等级,操作简单易行,综合了定性法和定量法的知识,但是结果没有定量法精确。

(3)定量安全评价方法(Quantitative Risk Assessment)。这种评估方法在核工业、航空工业和石化工业得到了广泛的应用,通过综合考虑诸如设备故障和安全系统失灵这样的单个事件,可以量化最终事故的发生概率和事故损失后果。定量安全评价方法包括模糊综合评价方法、概率安全评价方法、伤害破坏范围评价方法、模拟事故后果评价方法等。

2.2 安全评价指标的选取

2.2.1 指标与指标体系

1.指标

指标是反映一个复杂系统特性、内部状态或显示发生任何事件的信息,是从数量方面说明一定现象的某种属性或特征。指标可以简化复杂现象的信息,并尽可能量化,以便更容易沟通和比对。一个指标可以是一个变量或一个变量的函数。指标可以是定性变量、序列变量,当然也可以是定量变量。尽管定量指标很重要,但当研究的目标物很难定量化,或当使用定量指标所花费的代价较高时,定性指标也可以作为评价的依据。

推进剂储库安全评价的选用指标应体现下述功能。

(1)反映功能。它是指标的最基本功能,反映被储库系统的基本状况。

(2)监测功能。监测功能是指标反映功能的延伸。监测功能可分为两类:一是储库系统自身运行情况的监测;二是储库管理计划情况的监测。前者是对自然状态的监测,后者是对有组织、有目的的目标的监测。

(3)比较功能。当指标被用来衡量两个或两个以上的认识对象的时候,它就具备了比较功能。比较功能可分为两类:一是横向比较,即在同一时间序列上对不同认识对象进行比较;二是纵向比较,即可对同一对象在不同时期发展状况的比较。

2.指标体系

指标体系指为完成一定研究目的而由若干个相互联系的指标组成的指标集合。建立指标体系重要的是要明确指标结构,即体系由哪些指标组成,指标间具有哪些相互关联关系。实际上,指标体系是一个信息系统,该系统主要包括系统元素和元素间的配置关系。系统的元素就是指标,系统结构即指标间的相互关系。

建立的评价指标体系具有重要作用,可以帮助决策者从众多影响因素中提炼、总结关键信息,建立关联信息系列,提高透明度和综合性;还可以在缺乏足够信息的情况下确立重要问题。指标体系还可以帮助确立问题的重点。

指标体系构成一个庞大的、严密的定量式大纲,依据各指标的作用、贡献、表现和位置,既可以分析、比较、判别评价系统的状态和总体趋势,又可以复制、还原、模拟系统的未来。指标体系是个相关方人士评价问题的基本工具。具体到安全评价,其指标体系应把握下述几点。

(1)指标应具备"尺度"和"标准"的功能,一个指标反映安全系统的一种属性。指标体系应该帮助评价者和被评价对象明确关键问题,并描述总系统的变化趋势。

(2)指标体系应具备全面性和整体性这样一个特点,能够描述系统在任意时刻的安全状态、各方面的变化趋势和发展状态。

(3)指标体系应具备一定的结构性。结构性的指标体系有助于应对多层次、多变化的评价体系,而不单是一个指标的独立出现。

2.2.2 安全评价指标的选取原则

安全原理指出,在某种情况下事故是否发生以及可能造成的后果具有极大的偶然性,但都有其深刻的原因,包括直接原因和间接原因[5]。综合论事故模式基本观点认为,事故是社会因素、管理因素和过程中的危险因素被偶然事件触发所造成的后果。基于这种观点,这些物质的、管理的、环境的以及人为的原因(国外称 4M 因素,即 Machine,Management,Media,Man)就构成了安全评价中的危险因素。因此,评价指标的选取是一个重要、复杂的问题。根据液体推进剂储库的特殊性,结合同行专家的研究,确定推进剂储库安全评价指标应坚持下述选取原则。

(1)目的性原则。建立推进剂储库安全评价指标体系的目的就是为了对储库进行综合评价,以便于分析储库安全风险的整体特征,找出制约推进剂储库安全管理的关键性问题,确定安全风险控制的重点。每一个指标的选取都应该反映推进剂储库的某一个属性,且指标功能及指标之间应该服从推进剂储库综合评价的整体目标和功能。只有在实现整体目标的前提下,指标的选取才是正确和完善的。在初步选定指标后,应对指标体系进行优化和控制,以便更好地实现综合评价的整体目标。

(2)科学性原则。指标体系结构的拟定、指标的选择必须以推进剂储库安全生产系统的特性、安全评价理论为依据,这样选定的指标才会具有可靠性和客观性,得到的评价结果才具有可信性。科学性原则要求评价指标的选择、评价信息的收集以及信息涵盖范围都必须有相应的科学依据。

(3)系统性原则。推进剂储库安全评价的目的要求每个指标的选取都必须服从整体系统目标。因此在初步选取评价指标时,应以系统理论为基础,遵循系统性原则,尽可能多地选取可以概括反映推进剂储库安全属性特征的评价指标,便于最终进行筛选。指标体系不能是众多指标的简单集合,而应是具有系统性、层次结构性、相关性和适用性的有机系统。各指标之间的关系应清晰、明了、准确。

(4)可操作性原则。综合以往研究经验,初步建立的指标体系在理论上能很好地反映推进剂储库的属性,但往往操作性不强。因此,在选择、设计评价指标时,不仅追求概念明确、定义清楚,收集方便,还考虑先行的技术和研究能力以及是否具有代表性。只有坚持可操作性原则,安全评价工作才能顺利进行,否则建立的指标体系只能是理论性的成果,没有实用性。

(5)独立性原则。所选择的每一个指标应能反映推进剂储库某一个方面的属性和特征,指标之间尽可能地保持独立,尽量避免指标间相互联系和交叉,这样会影响评价结果的准确性。选择的推进剂储库评价指标既可自成一体,又可从不同角度反映推进剂储库的安全问题。

(6)突出性原则。指标的选择要全面,但应区别主次,要体现直接引发事故的人、机、环境等指标,更要重视决定三者安全状态的管理指标。切忌事无巨细,无重点地确定指标。

(7)可比性原则。为今后推广研究形成的评价方法,选取评价指标要注意指标的范围和计算方法的可比性。对于选取的定性指标,应能进行相应的量化处理,便于比较。

2.2.3　安全评价指标的筛选方法

在推进剂储库安全评价中,并非评价指标越多越好,关键是评价指标在评价中所起的作用的大小。指标筛选就是按照某种原则筛选出初步建立的指标集合中的"次要"指标,分清主次,合理组成评价指标集。指标的筛选方法有定性分析法和定量分析法,或者两种方法综合运用。常用的方法主要有:

1. 专家调查法（Delphi 法）

专家调查法属于定性分析法，主要指通过一定方式广泛征询专家意见的方法。设计者可根据评价的目的及评价对象的特征，设计专门的征求意见表，其中列出一定的评价指标，分别征询专家的意见，然后进行统计处理。设 j 个专家对 m 个指标给出的权重系数值为 $\{w_{1j}, w_{2j}, \cdots, w_{mj}\}$，将 n 个专家给出的权重系数列入统计表中，见表 2-1。

表 2-1　Delphi 法因素权重系数表

指标＼专家	1	2	…	j	…	n	平均值
w_1	w_{11}	w_{12}	…	w_{1j}	…	w_{1n}	$\dfrac{1}{n}\sum\limits_{j=1}^{n} w_{1j}$
w_2	w_{21}	w_{22}	…	w_{2j}	…	w_{2n}	$\dfrac{1}{n}\sum\limits_{j=1}^{n} w_{2j}$
$\vdots$	$\vdots$	$\vdots$	…	$\vdots$		$\vdots$	$\vdots$
w_i	w_{i1}	w_{i2}	…	w_{ij}	…	w_{in}	$\dfrac{1}{n}\sum\limits_{j=1}^{n} w_{ij}$
$\vdots$	$\vdots$	$\vdots$	…	$\vdots$		$\vdots$	$\vdots$
w_m	w_{m1}	w_{m2}	…	w_{mj}	…	w_{mn}	$\dfrac{1}{n}\sum\limits_{j=1}^{n} w_{mj}$

若其平方和的误差在允许的范围内，即

$$\max\left[\sum_{i=1}^{m}\left(w_{ij} - \frac{1}{n}\sum_{i=1}^{n} w_{ij}\right)^2\right] \leqslant \varepsilon \tag{2-1}$$

则满意的权重系数集为

$$w = \left\{\frac{1}{n}\sum_{j=1}^{n} w_{1j}, \frac{1}{n}\sum_{j=1}^{n} w_{2j}, \cdots, \frac{1}{n}\sum_{j=1}^{n} w_{ij}, \cdots, \frac{1}{n}\sum_{j=1}^{n} w_{mj}\right\} \tag{2-2}$$

否则，应对一些偏差较大的权重系数再次征询意见，让专家们继续分析、思考，直到这些权重系数的偏差达到要求为止。

2. 层次分析法

层次分析法（AHP）是建立在系统理论基础上的一种解决实际问题的方法，把分析的问题层次化，根据问题的性质和要达到的总目标，将问题分解为不同的组成因素，并按照因素间的相互关联影响以及隶属关系将因素按照不同层次聚集组合，形成一个多层次的分析结构模型，并最终归结为最底层相对于最高层的相对重要性权值的确定或优劣次序的排序问题。层次分析法大致分为 5 个步骤[6]：

（1）建立层次结构模型。深入分析所面临的问题，将问题中的因素划分为不同层次，如目标层、准则层、指标层、措施层等，用框图形式说明层次的递阶结构与因素的从属关系。

（2）构造判断矩阵。判断矩阵元素的值反映了人们对各因素相对重要性（或者强度、优劣）的认识，通过引入合适的标度用数值表示出来，通常应用 1～9 标度方法[6]来确定影响因素的相对重要性，1～9 标度方法及其含义见表 2-2。当相互比较元素的重要性能够用具有实际意义的比值说明时，相应元素的值可以取这个比值。

表 2 - 2　1～9 标度方法

标　度	含　义
1	表示两个因素相比,具有同样的重要性
3	表示两个因素相比,一个比另一个稍微重要
5	表示两个因素相比,一个比另一个明显重要
7	表示两个因素相比,一个比另一个强烈重要
9	表示两个因素相比,一个比另一个极端重要
2,4,6,8	表示上述两个相邻判断的中值
1～9 的倒数	因素 i 与 j 比较得到判断 b_{ij},则 j 与 i 比较得到判断 $b_{ji}=1/b_{ij}$

　　通过比较因素的相对重要性用表 2 - 3 的形式表示,据此可得到判断矩阵 $\boldsymbol{A}$,则

$$\boldsymbol{A} = (a_{ij})_{n \times n} \tag{2-3}$$

其中,$a_{ij} > 0, a_{ii} = 1, a_{ji} = 1/a_{ij}$。

表 2 - 3　因素的相对重要性比较

	A_1	A_2	$\cdots$	A_n
A_1	a_{11}	a_{12}	$\cdots$	a_{1n}
A_2	a_{21}	a_{22}	$\cdots$	a_{2m}
$\vdots$	$\vdots$	$\vdots$		$\vdots$
A_n	a_{n1}	a_{n2}	$\cdots$	a_{nn}

　　(3) 层次单排序及其一致性检验。判断矩阵 $\boldsymbol{A}$ 的特征根问题 $\boldsymbol{AW} = \lambda_{\max} \boldsymbol{W}$ 的解 $\boldsymbol{W}$,经归一化后即为同一层次相应因素对于上一层次某一因素的相对重要性排序权值,称为层次单排序。通常应用和积法和方根法求算判断矩阵的特征向量。由于客观事物本身的复杂性以及人的认知的局限性,通过两两比较得到的判断矩阵不一定满足一致性的条件,只有当判断矩阵具有满意的一致性时,基于层次分析法得出的结论才是合理的,否则特征向量不能真实反映各因素的权重,需要对判断矩阵进行调整。令

$$CI = \frac{\lambda_{\max} - n}{n - 1} \quad CR = \frac{CI}{RI} \tag{2-4}$$

其中,$\lambda_{\max}$ 为判断矩阵的最大特征根,n 为因素个数,RI 为判断矩阵平均一致性指标,若 CR < 0.1,则认为该判断矩阵具有满意的一致性。1～9 标度方法的判断矩阵的 RI 取值见表 2 - 4。其中 1、2 阶判断矩阵总具有完全一致性,RI 只是形式上的。

表 2 - 4　平均随机一致性指标 RI

n	1	2	3	4	5	6	7	8	9
RI	0	0	0.58	0.90	1.12	1.24	1.32	1.41	1.45

　　(4) 层次总排序。计算同一层次所有元素对于最高层(总目标)相对重要性的排序权值。这一过程从最高层次到最低层次逐层进行。若上一层次 A 包含 m 个因素 $A_1, A_2, \cdots, A_m$,其层

次总排序权值分别为 $a_1, a_2, \cdots, a_m$，下一层次 B 包含 n 个因素 $B_1, B_2, \cdots, B_n$，它们对于因素 A_i 的层次的排序权值分别为 $b_{1j}, b_{2j}, \cdots, b_{nj}$（当 B_k 与 A_i 无联系时，$b_{kj} = 0$），此时 B 层次总排序权值由表 2-5 给出。

表 2-5 B 层次总排序权值

层次 A 层次 B	A_1	A_2	$\cdots$	A_m	B 层次总排序权值
	a_1	a_2	$\cdots$	a_m	
B_1	b_{11}	b_{12}	$\cdots$	b_{1m}	$\displaystyle\sum_{j=1}^{m} a_j b_{1j}$
B_2	b_{21}	b_{22}	$\cdots$	b_{2m}	$\displaystyle\sum_{j=1}^{m} a_j b_{2j}$
$\vdots$	$\vdots$	$\vdots$		$\vdots$	$\vdots$
B_n	b_{n1}	b_{n2}	$\cdots$	b_{nm}	$\displaystyle\sum_{j=1}^{m} a_j b_{nj}$

(5) 层次总排序的一致性检验。一致性检验的程序也是从高到低逐层进行的。如果 B 层次某些因素对于 A_i 单排序的一致性指标为 CI；相应的平均一致性指标为 RI；则 B 层次总排序随即一致性比率为

$$CR = \frac{\displaystyle\sum_{j=1}^{m} a_j CI_j}{\displaystyle\sum_{j=1}^{m} a_j RI_j} \tag{2-5}$$

同样，若 CR $<$ 0.1，则认为该判断矩阵具有满意的一致性，否则所获得的结论是不可信的，需要调整判断矩阵的元素取值。

2.3 安全评价指标体系的建立

2.3.1 影响储库安全的因素分析

推进剂储库作业系统是由人-机-环境有机组成的复杂系统，人是机的控制者和环境的影响者，同时也是机的不安全状态、环境的不安全条件及其自身不安全行为导致的事故的受害者，因而也是这个系统的核心。由于人-机-环境的不和谐而造成事故，进而阻断了系统实现功能目标的有效途径，造成系统破坏、设备损坏、人员伤亡、着火爆炸等严重后果。影响液体推进剂储存安全的因素较多，通常在分析时将重点放在推进剂储罐及其附件的安全状况上。但是在进行安全评价时，仅仅分析这些因素还不能够得到可信的结论。推进剂储库事故系统的运行特性与状态直接影响推进剂储库安全状态。液体推进剂储库安全状态与储库各系统运行状态及其变化密切相关，是整个推进剂储库系统的子系统，并同其他子系统共同存在并发展变化。本书采用人-机-环境系统分析法进行推进剂储库作业系统的安全分析，对液体推进剂储存管理、储存设备、环境等进行调查，总结液体推进剂储存中发生的事故情况[7-18]，进行液体推

进剂储存中的危险源辨识。利用 4M 分析液体推进剂储存中事故的影响因素。

(1)安全管理。安全管理主要是指安全方面的法律、法规,安全制度,安全管理机构和人员配备,安全知识教育,推进剂相关作业培训,在安全方面的投入,安全设备的更新补充,防护措施的改善,以及这些安全活动的组织和检查。在液体推进剂储存中,导致发生泄漏事故的因素很多,从类似行业如油库、化学品罐区等发生事故的统计结果以及液体推进剂的安全分析来看,安全管理是一个重要因素。存在的突出问题是规章制度不严格、不能落实,安全组织不健全、不能发挥积极有效作用。

(2)作业人员的状况。在当今技术、硬件已能够提供必要的安全保障措施,各种安全条例已基本完善的前提下,由于操作人员违反规定不按程序操作,或者对系统设备和安全措施不熟悉、不掌握,检查不认真,凭侥幸而操作失误,是造成泄漏的又一重要原因[19]。因此作业人员状况是重要的影响因素,作业人员状况应包括对推进剂知识的掌握程度、从事液体推进剂操作的专业技能、应对特殊情况的心理素质、日常的安全意识、职业道德、健康状况、应对突发性事件的能力,以及安全意识、安全态度、责任感等。

(3)环境状况。储存环境状况是指储库中的环境湿度、温度、储库通风情况,防火防爆设施和安全保障设施等内容。其中安全保障措施包括储库紧急用电供给、危险气体警报、火灾警报、修建防火墙、障壁及类似装置、消防装置(供水、水幕、消防器具)等必须考虑的安全因素。

(4)设备安全状况。设备是发生事故的直接对象,因此在以往的研究中给予了很多关注。在推进剂的储存过程中,漏气、漏液是推进剂储罐,特别是强腐蚀性四氧化二氮储罐的"多发病"[20],由于未能按时对设备进行检验或者设备自身存在缺陷等原因,在储存中容易发生事故。常见的泄漏部位有 4 处:法兰连接处、焊缝、管接头处、罐体。在法兰连接部位和管接头处泄漏的原因可能有:连接螺母没有拧紧或四周螺母没有均匀拧紧,密封圈的变形、损坏、划痕、裂纹、有异物,密封圈与推进剂不能长期相容,法兰的金属密封面裂纹等;罐体泄漏的原因有:焊缝处被腐蚀以及有气孔、裂纹等缺陷,偶然碰撞产生的穿孔等[20-21]以及液罐存在材料、焊接、组装成型缺陷,阀门密封面腐蚀、划痕、材料不良,连接胶管与推进剂不相容、老化变形,安全阀门不动作等。

通常在推进剂储存过程中,由于推进剂、操作人员、储存运输设备、储存环境条件等诸多因素的变化,导致各种因素组合恶化。如果这些情况持续发生就可能导致事故的发生。因此,事故的发生一般都是由上述各种因素中的其中一个或某一些因素相互作用引起的。

2.3.2 液体推进剂储存泄漏事故树分析

事故树分析法是安全分析的重要方法之一,它能对各种系统的危险性进行辨识和评价,不仅能分析出事故的直接原因,而且能深入地揭示出事故的潜在原因。把引起事故、灾害的各因素按工艺流程或因果关系通过一定的逻辑符号和逻辑门连接,绘成方框图,组成事故树。常用的逻辑符号见表 2-6。FTA 的基本程序为:

熟悉系统→调查事故→确定顶上事件→确定目标→调查原因事件→编制事故树→定性分析→求出事故发生概率→进行比较→定量分析。

表 2-6　事故树分析法的逻辑符号

逻辑符号	名称	逻辑符号	名称
	顶上事件、中间事件		引出事件 （表示事故树分枝）
	逻辑"或门"		未开展事件 （底事件）
	逻辑"与门"		基本事件 （底事件）

　　事故树分析包括求最小割集和最小径集,计算各基本事件的结构重要度,在此基础上可以确定安全预防措施的重点。

　　在事故树分析中,每一底事件不一定都是顶上事件发生的起因。最小割集的性质即是仅当最小割集所包含的底事件都同时存在时,顶上事件才发生。反言之,只要最小割集中有任何一个事件不发生,则顶上事件就不会发生(假设同时无其他最小割集发生)。

　　在进行可靠性分析及风险评价时,根据对顶上事件的影响大小来区别最小割集的重要性及各底事件的重要性。如果是进行定性分析,由于不进行定量计算,只能根据最小割集的容量,即根据其阶数来决定其重要性。一般而言,如果底事件发生概率相差不悬殊的话,低阶割集比高阶割集更重要。在定性分析中,底事件的重要性用其结构重要度评价。底事件结构重要度定义:底事件状态由不发生变为发生时,顶上事件发生次数的变化量与该事件不发生时系统状态总数比。

　　事故树分析除了分析单元的结构重要度外,通常还分析单元的概率重要度、单元的关键重要度以及顶上事件的概率。但是这些结果的获得建立在大量的事故资料基础之上,要求各基本事件的发生概率和建立事故的结构函数,通过事故树分析来确定事故的发生概率在实际情况中困难较大。

　　事故树分析法的原理较易理解,国内外相关的文献亦较多,在此不多作重复论述。计算事故树的结构重要度可在液体推进剂储存、运输设备安全评价中发挥很好的作用,其结果可以和其他评价方法结合应用,为整个安全研究提供参考和依据。

　　1. 液体推进剂泄漏事故树分析

　　在推进剂储存过程中,漏气、漏液是推进剂储罐,特别是强腐蚀性硝基氧化剂储罐的"多发病",由于未能按时对设备进行检验或者设备自身存在缺陷等原因,在储存中容易发生事故。常见的泄漏部位有 4 处[12,14]:法兰连接处、焊缝、管接头处、罐体。在法兰连接部位和管接头处泄漏的原因可能有:连接螺母没有拧紧或四周螺母没有均匀拧紧,密封圈的变形、损坏、划痕、裂纹、有异物,法兰的金属密封面裂纹等;罐体泄漏的原因有:焊缝处被腐蚀以及有气孔、裂纹等缺陷,偶然碰撞产生穿孔等。

　　长期储存推进剂要求储罐的材料与推进剂能够长期相容,腐蚀率小,如果储罐存在材料、焊接、装配等缺陷,当材料产生微小缝隙,由于液体推进剂都有不同程度的吸湿性,使推进剂吸水导致水分增加后,不但影响推进剂质量,而且会引起推进剂对材料的腐蚀作用加剧,致使发展成为液罐腐蚀破裂[18]。

充装过量是导致液体推进剂发生泄漏的重要因素,而且在储存、运输中时常发生。充装过量的发生既有人为原因,也有设备方面的问题。在发生充装过量的人为原因中,多数为管理不力,规章制度不能够严格落实;而设备方面主要包括安全阀失效和计量仪器不准两个因素。

结合储存风险因素的分析,绘制液体推进剂储存中泄漏事故树,如图 2-1 所示。

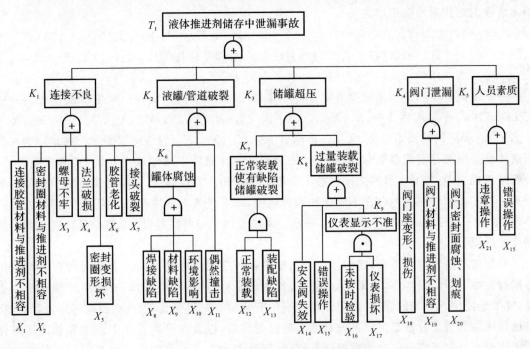

图 2-1　液体推进剂储存泄漏事故树图

该事故树包含了 21 个基本事件,顶上事件(即液体推进剂储存中泄漏事故)的结构函数为

$$T_1 = K_1 + K_2 + K_3 + K_4 + K_5$$

其中:

$$K_1 = X_1 + X_2 + X_3 + X_4 + X_5 + X_6 + X_7$$
$$K_2 = K_6 + X_{11} = X_8 + X_9 + X_{10} + X_{11}$$
$$K_3 = K_7 + K_8 = X_{12}X_{13} + X_{14} + X_{15} + K_9 =$$
$$X_{12}X_{13} + X_{14} + X_{15} + X_{16}X_{17}$$
$$K_4 = X_{18} + X_{19} + X_{20}$$
$$K_5 = X_{21} + X_{15} + X_{15}$$

按照布尔代数运算法则得到结构函数为

$$T_1 = K_1 + K_2 + K_3 + K_4 + K_5 =$$
$$X_1 + X_2 + X_3 + X_4 + X_5 + X_6 + X_7 + X_8 + X_9 +$$
$$X_{10} + X_{11} + X_{12}X_{13} + X_{14} + X_{15} + X_{16}X_{17} + X_{18} + X_{19} + X_{20} + X_{21}$$

得到 19 个最小割集：

$\{X_1\},\{X_2\},\{X_3\},\{X_4\},\{X_5\},\{X_6\},\{X_7\},\{X_8\},\{X_9\},\{X_{10}\},\{X_{11}\},\{X_{12},X_{13}\}$,
$\{X_{14}\},\{X_{15}\},\{X_{16},X_{17}\},\{X_{18}\},\{X_{19}\},\{X_{20}\},\{X_{21}\}$

最小割集的定义：当割集中的基本事件发生时，顶上事件必然发生，即导致顶上事件发生的最低限度的基本事件的集合。导致液体推进剂在储存中发生泄漏事故的途径有 19 条，可以根据此来确定预防措施时的因素排序。

各基本事件的发生对顶上事件发生的影响程度，即结构重要度，可根据其判别原则得到，基本事件的结构重要度排序为

$$I_\phi(1)=I_\phi(2)=I_\phi(3)=I_\phi(4)=I_\phi(5)=I_\phi(6)=I_\phi(7)=I_\phi(8)=I_\phi(9)=I_\phi(10)=$$
$$I_\phi(11)=I_\phi(14)=I_\phi(15)=I_\phi(18)=I_\phi(19)=I_\phi(20)=I_\phi(21)>I_\phi(12)=$$
$$I_\phi(13)=I_\phi(16)=I_\phi(17)$$

由事故树最小割集和结构重要度分析可知，导致液体推进剂储存中发生泄漏事故的途径有 19 条，在 21 个基本事件中，X_1，X_2，X_3，X_4，X_5，X_6，X_7，X_8，X_9，X_{10}，X_{11}，X_{14}，X_{15}，X_{18}，X_{19}，X_{20}，X_{21} 有相同的结构重要度，大于基本事件 X_{12}，X_{13}，X_{16}，X_{17} 的结构重要度。这是因为在分析液体推进剂储存泄漏事故时，假设液体推进剂已经在储库中的储罐中存放，且为长期存放，分析结果也表明，各基本事件之间没有十分明显的结构重要性差别，这符合推进剂长期储存的特点。其基本事件的发生存在不确定性和随机性，每一个基本事件都有可能发生，而每发生一个事件（对于事件 X_{12} 和 X_{13} 或者 X_{16} 和 X_{17} 来说是两个事件同时发生）就会导致推进剂不同程度的泄漏。

分析这些基本事件可知，它们多是设备缺陷在长期储存中的增长或者是附件在长期使用引起的腐蚀、变形、损坏等，如果能够及时地检查出来并且更换、维修，对有缺陷的储罐予以更换，并禁止使用有缺陷的储罐，可以使推进剂的安全储存时间更长，因此在长期储存过程中，推进剂储库的管理十分重要。而推进剂储罐的过量装载，以及在日常作业中发生偶然碰撞等体现了作业人员对于安全储存的重要性，因此加强教育和工作作风的培养也是保证液体推进剂长期储存安全的关键因素。

2. 液体推进剂火灾、爆炸事故树分析

当研究液体推进剂泄漏后的燃烧、爆炸等情况时，分别假设氧化剂（UDMH）或燃烧剂（N_2O_4）单独泄漏。在一般情况下，推进剂泄漏不会立即发生燃烧或爆炸，但是在氧化剂遇到可燃物，或燃料泄漏遇到热源及催化剂的情况下，也常常引起火灾。

自燃和点燃是推进剂燃烧的两种方式，无论哪一种方式，都必须具有可燃物、助燃物和着火源，三者缺一不可[22]。着火源的种类很多，一般可分为机械的、热的、电的及化学的，其中机械着火源来自于撞击、摩擦，热火源来自于高温表面、热辐射和冲击波等，电火源是指电火花和静电火花，化学着火源是指自然发热、与氧化剂接触自燃、杂质等催化分解。明火是最危险的火源，即使极小的火焰，也很容易将燃料气体或蒸气点燃，因此一切存在可燃物的危险场所严禁吸烟和明火。

由于偏二甲肼可以自燃，因此应用事故树分析偏二甲肼储库的火灾、爆炸事故，首先画事故树，如图 2-2 所示。

该事故树包含 10 个基本事件和一个引出事件 I_1，其中引出事件 I_1 是指液体推进剂储存中泄漏事故，因此液体推进剂储存中发生火灾爆炸事故的基本事件共有 31 个，但是在分析火灾、

爆炸事故时仍将液体推进剂的泄漏作为一个基本事件,则顶上事件(液体推进剂储存中发生火灾、爆炸事故)的结构函数为

$$T_2 = K_{11} K_{12}$$

其中:

$$K_{11} = X_{22} + X_{23} + X_{24} + K_{13} + K_{14} =$$
$$X_{22} + X_{23} + X_{24} + X_{25} + X_{26} + X_{27} + X_{28}$$

$$K_{12} = K_{15} X_{31} = (X_{29} + X_{30} + I_1) \cdot X_{31} =$$
$$X_{29} X_{31} + X_{30} X_{31} + I_1 X_{31}$$

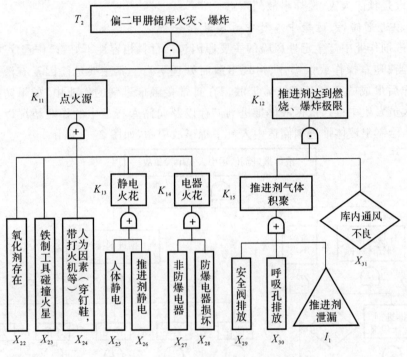

图 2-2　偏二甲肼储库火灾、爆炸事故树

因此该事故树的结构函数为

$$T_2 = K_{11} K_{12} = (X_{22} + X_{23} + X_{24} + X_{25} + X_{26} + X_{27} + X_{28})(X_{29} X_{31} + X_{30} X_{31} + I_1 X_{31}) =$$
$$X_{22} X_{29} X_{31} + X_{23} X_{29} X_{31} + X_{24} X_{29} X_{31} + X_{25} X_{29} X_{31} + X_{26} X_{29} X_{31} + X_{27} X_{29} X_{31} +$$
$$X_{28} X_{29} X_{31} + X_{22} X_{30} X_{31} + X_{23} X_{30} X_{31} + X_{24} X_{30} X_{31} + X_{25} X_{30} X_{31} + X_{26} X_{30} X_{31} +$$
$$X_{27} X_{30} X_{31} + X_{28} X_{30} X_{31} + X_{22} I_1 X_{31} + X_{23} I_1 X_{31} + X_{24} I_1 X_{31} + X_{25} I_1 X_{31} +$$
$$X_{26} I_1 X_{31} + X_{27} I_1 X_{31} + X_{28} I_1 X_{31}$$

得到 21 个最小割集,分别为

$\{X_{22}, X_{29}, X_{31}\}$, $\{X_{23}, X_{29}, X_{31}\}$, $\{X_{24}, X_{29}, X_{31}\}$, $\{X_{25}, X_{29}, X_{31}\}$, $\{X_{26}, X_{29}, X_{31}\}$, $\{X_{27}, X_{29}, X_{31}\}$, $\{X_{28}, X_{29}, X_{31}\}$, $\{X_{22}, X_{30}, X_{31}\}$, $\{X_{23}, X_{30}, X_{31}\}$, $\{X_{24}, X_{30}, X_{31}\}$, $\{X_{25}, X_{30}, X_{31}\}$, $\{X_{26}, X_{30}, X_{31}\}$, $\{X_{27}, X_{30}, X_{31}\}$, $\{X_{28}, X_{30}, X_{31}\}$, $\{X_{22}, I_1, X_{31}\}$, $\{X_{23}, I_1, X_{31}\}$, $\{X_{24}, I_1, X_{31}\}$, $\{X_{25}, I_1, X_{31}\}$, $\{X_{26}, I_1, X_{31}\}$, $\{X_{27}, I_1, X_{31}\}$, $\{X_{28}, I_1, X_{31}\}$

基本事件的结构重要度排序为

$$I_\phi(31) > I_\phi(29) = I_\phi(30) = I_\phi(1_1) > I_\phi(22) = I_\phi(23) = I_\phi(24) = I_\phi(25) =$$
$$I_\phi(26) = I_\phi(27) = I_\phi(28)$$

通过事故树分析,导致液体推进剂储库发生火灾爆炸的途径有 21 条,其中事件 X_{31} 的结构重要性最大,说明储库中通风不良对造成火灾、爆炸事故的影响最大,其次是推进剂泄漏和推进剂从安全阀、呼吸孔排放。它们的结构重要性大于火源(即 X_{22},X_{23},X_{24},X_{25},X_{26},X_{27},X_{28} 事件),这说明储库发生火灾爆炸,推进剂蒸气的积聚是最危险的因素,如果推进剂气体达到了燃烧或者爆炸极限浓度范围,若有任何一种形式火源产生,就会发生火灾、爆炸。如果储库的通风效果良好,推进剂蒸气得到驱散而不能积聚,就切断了火灾、爆炸的根源,因此储库的通风设施建设是预防火灾、爆炸事故的重点。

3. 液体推进剂储存、运输中人员中毒事故树分析

液体推进剂作业中产生毒性风险的主要原因包括材料相容性不好、操作程序失误、作业时安全防护不当、违章操作或误操作、出现事故时处理不当。其主要危险因素有液体推进剂泄漏、着火爆炸后形成的有毒有害气体扩散。在日常接触推进剂的作业中,如果防护措施不得当,也会使人员发生中毒。依据液体推进剂储存以及向储库转运中的作业情况以及可能发生的事故状态,绘制出液体推进剂储运中人员中毒事故树图,如图 2-3 所示。

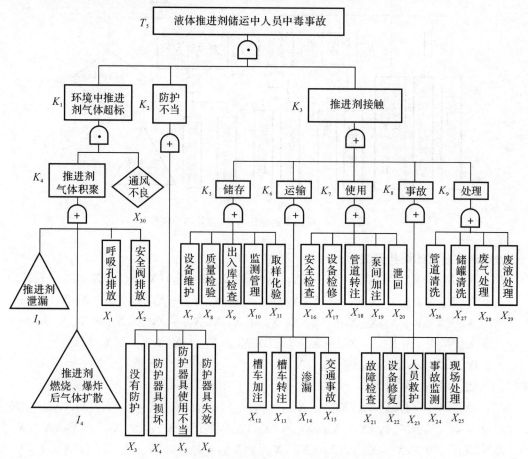

图 2-3 液体推进剂储运中人员中毒事故树图

　　该事故树包含了 29 个基本事件和两个引出事件 I_3 和 I_4，其中引出事件 I_3 是指液体推进剂储运中泄漏，引出事件 I_4 是指推进剂储存中发生火灾、爆炸事故形成的有毒有害气体扩散。顶上事件（液体推进剂储存、运输中发生人员中毒事故）的结构函数为

$$T_5 = K_1 K_2 K_3$$

其中：

$$K_1 = K_4 X_{30} = (I_3 + I_4 + X_1 + X_2) X_{30} = I_3 X_{30} + I_4 X_{30} + X_1 X_{30} + X_2 X_{30}$$

$$K_2 = X_3 + X_4 + X_5 + X_6$$

$$K_3 = K_5 + K_6 + K_7 + K_8 + K_9 = X_7 + X_8 + X_9 + X_{10} + X_{11} + X_{12} + X_{13} + X_{14} + X_{15} +$$
$$X_{16} + X_{17} + X_{18} + X_{19} + X_{20} + X_{21} + X_{22} + X_{23} + X_{24} + X_{25} + X_{26} + X_{27} + X_{28} + X_{29}$$

该事故树的结构函数为

$$T_5 = K_1 K_2 K_3 = (I_3 X_{30} + I_4 X_{30} + X_1 X_{30} + X_2 X_{30}) \cdot$$
$$(X_3 + X_4 + X_5 + X_6)(X_7 + X_8 + X_9 + X_{10} + X_{11} + X_{12} +$$
$$X_{13} + X_{14} + X_{15} + X_{16} + X_{17} + X_{18} + X_{19} + X_{20} + X_{21} +$$
$$X_{22} + X_{23} + X_{24} + X_{25} + X_{26} + X_{27} + X_{28} + X_{29}) =$$
$$(I_3 X_{30} X_3 + I_4 X_{30} X_3 + X_1 X_{30} X_3 + X_2 X_{30} X_3 + I_3 X_{30} X_4 + I_4 X_{30} X_4 + X_1 X_{30} X_4 +$$
$$X_2 X_{30} X_4 + I_3 X_{30} X_5 + I_4 X_{30} X_5 + X_1 X_{30} X_5 + X_2 X_{30} X_5 + I_3 X_{30} X_6 + I_4 X_{30} X_6 +$$
$$X_1 X_{30} X_6 + X_2 X_{30} X_6) \cdot (X_7 + X_8 + X_9 + X_{10} + X_{11} + X_{12} + X_{13} +$$
$$X_{14} + X_{15} + X_{16} + X_{17} + X_{18} + X_{19} + X_{20} + X_{21} + X_{22} +$$
$$X_{23} + X_{24} + X_{25} + X_{26} + X_{27} + X_{28} + X_{29})$$

该事故树包含因素多，且结构相对复杂，求出的割集达到 368 个，不一一列出。

各因素的结构重要度排序为

$$I_\phi(30) > I_\phi(I_3) = I_\phi(I_4) = I_\phi(1) = I_\phi(2) = I_\phi(3) = I_\phi(4) = I_\phi(5) = I_\phi(6) > I_\phi(7) =$$
$$I_\phi(8) = I_\phi(9) = I_\phi(10) = I_\phi(11) = I_\phi(12) = I_\phi(13) = I_\phi(14) = I_\phi(15) =$$
$$I_\phi(16) = I_\phi(17) = I_\phi(18) = I_\phi(19) = I_\phi(20) = I_\phi(21) = I_\phi(22) = I_\phi(23) =$$
$$I_\phi(24) = I_\phi(25) = I_\phi(26) = I_\phi(27) = I_\phi(28) = I_\phi(29)$$

　　该事故树分析得到最小割集 368 个，导致推进剂管理应用中人员中毒的途径有 368 条，这是因为导致人员不同程度中毒的因素和环境众多。但是从事故树分析结果来看，基本事件结构重要性最大的是通风不良导致推进剂气体浓度严重超标，其次是人员的防护措施不够或者是没有防护措施，因此预防推进剂作业中人员中毒应该做以下几点工作：防止推进剂泄漏、改善作业环境的通风情况、加强作业人员安全观念，在每次作业时佩戴合适的防护器具、合理安排人员的作业时间次序、尽量减少不必要的推进剂接触。

　　通过对液体推进剂储存、运输中的风险影响因素的分析认识，以及对液体推进剂储存中泄漏、火灾、爆炸事故，液体推进剂运输中的泄漏、火灾、爆炸事故和液体推进剂储存、运输中的人员中毒事故的事故树分析，对液体推进剂事故有了更深刻的掌握，对事故影响因素的重要性进行了事故树的结构重要性排序，对制定预防措施的重点有了大致的排序。但是不同影响因素尽管有相同的结构重要性，在量上却没有区别，它们所引起的事故大小、危害程度也不尽相同，甚至有着巨大的差别。在定量分析时，由于事故树分析要求数据准确、充分，分析过程完整等，这为事故树评价方法在液体推进剂领域的开展带来了障碍，并且事故树分析着眼于设备的可靠性和事故产生条件的来源上，对于安全管理等因素没有更好的描述。因此，仅仅依靠事故树

分析来研究液体推进剂储存、运输的安全,并不能够取得更直观的结论。要对液体推进剂储存、运输安全进行更深入的研究,需要更全面、更具综合性的方法。

2.3.3 储库安全评价指标体系结构

在建立指标体系时必须分清主次,突出重点,合理取舍影响推进剂储库安全作业的所有因素,才能够建造出一个层析清晰、结构合理的指标体系。建立储库安全评价指标体系应依照事故的产生原因,符合安全评价的基本原理,所选取的评价指标应能够反映推进剂储存过程的特性、状态或事故的信息。在指标体系的建立过程中,通过事故树分析,归纳推进剂储库事故发生的危险因素,结合专家的意见,确定了4类33个主要影响因素。采用层次分析法,将影响因素划分为3个层次,即目标层、中间层和因素层,采用可量化的指标来描述这4类33个主要影响因素,从而建立起推进剂储库安全评价指标体系结构,建立液体推进剂储存评价中间层因素集为 $U = \{U_1, U_2, U_3, U_4\}$,如图2-4所示。

其中:

$$U_1 = \{U_{11}, U_{12}, U_{13}, U_{14}, U_{15}, U_{16}\}$$
$$U_2 = \{U_{21}, U_{22}, U_{23}, U_{24}, U_{25}\}$$
$$U_{21} = \{U_{211}, U_{212}, U_{213}, U_{214}, U_{215}\}$$
$$U_{22} = \{U_{221}, U_{222}, U_{223}, U_{224}, U_{225}\}$$
$$U_{23} = \{U_{231}, U_{232}\}$$
$$U_{24} = \{U_{241}, U_{242}, U_{243}, U_{244}\}$$
$$U_{25} = \{U_{251}, U_{252}\}$$
$$U_3 = \{U_{31}, U_{32}, U_{33}, U_{34}\}$$
$$U_4 = \{U_{41}, U_{42}, U_{43}, U_{44}, U_{45}\}$$

图2-5～图2-8表明了液体推进剂储存安全评价指标体系的层次划分以及各因素集和评价指标的含义。

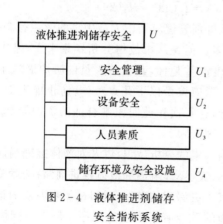

图2-4 液体推进剂储存
安全指标系统

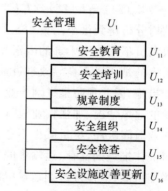

图2-5 液体推进剂储存
安全管理指标集

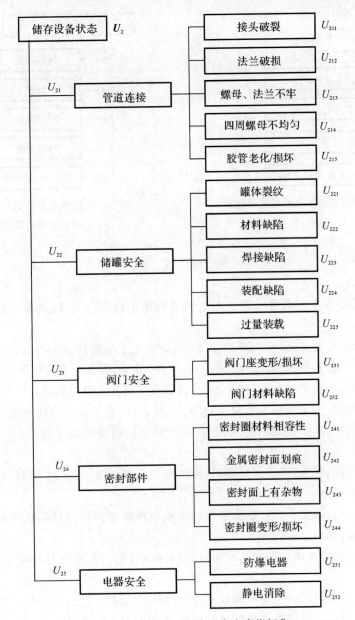

图 2-6　液体推进剂储存设备安全指标集

　　通过分析推进剂、操作人员、储存设备、储存环境条件等因素,总结推进剂储库的安全影响因素,结合专家的意见,确定了 4 类 33 个主要影响因素,采用层次分析法,将影响因素划分为 3 个层次,即目标层、中间层和因素层,建立了具有层次划分的、指标内涵丰富、指标之间有机联系的、科学的、可操作性强的推进剂储库安全评价指标体系。该体系依照事故的产生原因,符合安全评价的基本原理,所选取的评价指标能够反映推进剂储存过程的特性、状态或事故的信息。

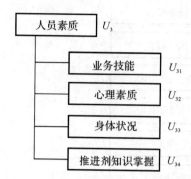

图 2-7 液体推进剂储存人员素质指标集

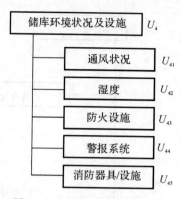

图 2-8 液体推进剂储存环境
状况及安全设施指标集

参 考 文 献

[1] 吴兵,张庆国.事故致因突变理论在电气事故中的应用[J].煤炭科学技术,2004(09):32-35.

[2] 蒋军成,郭振龙.安全系统工程[M].北京:化学工业出版社,2004.

[3] 国家安全生产监督管理局.安全评价[M].3版.北京:煤炭工业出版社,2005.

[4] 张乃禄,刘灿.安全评价技术[M].西安:西安电子科技大学出版社,2007.

[5] 隋鹏程,陈宝智.安全原理与事故预测[M].北京:冶金工业出版社,1983.

[6] 赵焕臣,许树柏,和金生.层次分析法——一种简易的新决策方法[M].北京:科学出版社,1986.

[7] 丛继信,胡文祥,张光友,等.常规液体推进剂作业安全性研究[J].导弹与航天运载技术,2003(4):33-40.

[8] 丛继信,龚时雨,胡文祥,等.航天发射场常规液体推进剂作业危险性评估[J].安全与环境学报,2003,3(1):49-53.

[9] 侯瑞琴.航天靶场液体推进剂的泄漏研究与污染控制[J].安全与环境学报,2002,2(5):39-41.

[10] 李瑛.液体推进剂贮运设备堵漏技术研究[J].宇航材料工艺,2002(6):36-38.

[11] 郑治仁.三例偏二甲肼容器爆炸事故剖析[J].中国航天,2002(5):29-31.

[12] 王青锋,刘祥萱,王煊军.液体推进剂泄漏风险评价新方法[J].工业安全与环保,2007,33(3):58-60.

[13] 刘建才,王煊军,李正莉,等.阵地大型推进剂储罐的泄漏及其防治[C]//王煊军.化学推进剂应用技术研究进展.北京:国防工业出版社,2005:178-181.

[14] 李新其,刘祥萱,李红霞.液体推进剂贮运可靠性模糊故障树方法研究[J].火箭推进,2004,30(5):31-35.

[15] 蒋阳权.液体推进剂作业典型事故分析[J].导弹试验技术,1996(3):18-22.

[16] 郑宏健,刘文全,朱志华.液体推进剂运输中常见事故的处理[J].上海航天,2002(5):53-56.

[17]　贾瑛,赵后随.液体推进剂泄漏应急处理[J].上海航天,2003(1):60-62.

[18]　郑智仁.液体推进剂泄漏问题综述[J].中国航天,1999,3:17-20.

[19]　中国国防科学技术报告——压储罐设计安全性分析报告(GF-A0059028G)[R].北京:中国工程物理研究院,2001.

[20]　郑治仁.运载火箭的爆炸与发射场的安全距离[J].航天发射技术,2000(1):34-39.

[21]　张晓琳,姜毅,张海萌,等.运载火箭主动段爆炸碎片散布范围计算[J].航天发射技术,2000(1):1-4.

[22]　陈新华,聂万胜.液体推进剂爆炸危害性评估方法及应用[M].北京:国防工业出版社,2005.

第3章 液体推进剂储库综合安全评价模型研究

常用的安全评价方法,如事故树、概率安全评价等方法可以对引起事故的各因素进行分析,得到发生事故的概率大小,但是这些方法建立在大量的事故资料基础之上,它要求知道每个基本事件的发生概率和事故的结构函数[1]。通常对很多事物的描述都具有一定的模糊性,模糊性是指事物或者概念在质上没有确切的含义,在量上没有明确的界限。比如液体推进剂储存的安全问题就是如此,对泄漏、着火等事件的概率信息往往知之甚少,不能确定哪个环节是安全的,哪个环节是不安全的,并且液体推进剂的储存过程是一个系统工程,系统结构复杂,引起事故各种事件(因素)的发生概率具有很大的不确定性,在实际应用中很难处理。随着模糊数学理论应用的拓展,这些障碍得到了一定程度的克服。模糊数学中的模糊概率理论、模糊综合评价方法以及可拓性评价方法的开发应用,为安全评价的发展开辟了新的途径。因此在研究液体推进剂储库安全时,引入模糊数学的思想,应用模糊综合评价方法来判断安全状况。

3.1 模糊综合评价方法介绍

综合评价就是对受多种因素影响的事物或者现象,做出总的评价。一个系统工程,它必然要牵扯到系统的各个环节,比如液体推进剂储存的安全管理[2],包括安全方面的法律法规教育,安全理论知识、常识教育,液体推进剂物理化学性质、防护措施的学习,安全方面的制度等内容,这些都不是常规方法所能涉及和表达清楚的,模糊综合评价方法在处理这些问题上的优越性便凸现出来。模糊综合评价方法通过专家评分和模糊统计得到因素权重系数和模糊评判矩阵,考虑到相关的各种因素,通过多层次模糊综合评价得到评价结果,避免了只考虑单方面因素所造成的片面性,因此在很多领域被广泛应用[1]。

模糊综合评价方法在前面所述的安全评价方法基础之上,根据模糊变换原理将模糊信息定量化,对多因素问题进行定量评价与决策。在对液体推进剂储库安全性进行评价之前,需要做以下几个假设:

(1)独立性假设。假设引起事故的各影响因素是相互独立的,总的风险是各独立因素的风险之和,尽管在实际情况下,各因素之间存在一定的联系或者是因果关系,但是从建模分析来看,这样的假设是可行的。

(2)忽略主观性误差假设。在进行安全评价时采用了专家打分的方法,这些数据源于专家在推进剂储存及其他操作中的经验总结,这样不免存在主观性误差。误差的大小取决于专家在此问题上的学识和经验积累,尽可能请多名专家来打分,在评价中忽略这种误差。

3.2　模糊综合评价原理

3.2.1　模糊隶属函数

隶属函数在模糊数学中占有十分重要的地位,它是将模糊性在形式上转化为确定性的桥梁,隶属函数在数量上表示元素属于一个集合的程度。隶属函数及隶属度的确定多带有浓重的主观色彩,这是因为要将客观规律反映到函数式中必须经过人们主观意识的综合、整理、加工、改造[3-4]。隶属函数的确定不是唯一的,确定隶属函数的方法通常可归纳为 3 类[5]。

(1)模糊统计试验法。模糊统计试验法通过统计试验方法确定某一元素属于某一模糊集的程度。

(2)主观经验法。根据个人经验或者主观认识,给出隶属度的具体数值。这时候的论域元素多半是离散的,如对"大""中""小"等的定义。

(3)指派法。指派法是根据问题的性质,选用典型函数作为隶属函数。常用的隶属函数的分布形式有三角形分布、梯形分布、抛物线分布、正态分布、岭型分布等。

3.2.2　模糊关系的合成运算

模糊关系的合成运算有多种法则,常用的模糊运算模型(也称为模糊算子)有以下几种[6],实际应用中根据具体情况选择。

(1) 主因素模型:M($\vee$,$\wedge$)。即取大和取小运算,这个模型为主因素决定的综合评判,其评判结果只取决于在总评价中起主要作用的那个因素,其余因素均不影响结果。其计算结果为

$$a \vee b = \max(a,b),\quad a \wedge b = \min(a,b)$$

式中　　$\vee$,$\wedge$——分别为取最大和取最小运算;

　　　　a,b——普通实数。

(2) 主因素模型的改进型。这两个模型与模型(1)比较接近,但这两个模型中的运算比模型(1)要精细,它们不但突出了主要因素,也兼顾了其他因素。其运算方法为

$$a \cdot b = ab,\quad a \oplus b = \min(1,a+b)$$

(3)加权平均型:$M(\cdot,\oplus)$ 和 $M(\cdot,+)$。这两个模型可依据权重的大小对所有的因素均衡兼顾。其中"$+$"为普通的实数加法。通常在模糊矩阵的合成运算时采用 $M(\cdot,+)$ 算法。

3.2.3　模糊综合评价方法的步骤

模糊综合评价方法考虑与被评价事物相关的各个因素,根据给出的评价标准和实测值,经过模糊变换后对事物做出评价。液体推进剂储存安全的评价是一个多目标多级模糊综合评价过程。模糊综合评价方法可分为下述几个步骤[7]。

(1)建立因素集。因素集是由影响评价对象的各种因素所组成的集合,记为 $U = \{U_1, U_2,\cdots,U_n\}$。其中,$n$ 为影响因素的个数;$U_i(i=1,2,\cdots,n)$ 为影响因素,或者称为评价指标,这些影响因素通常具有不同程度的模糊性,不能用确切的量来说明其影响程度。

(2)建立备择集。备择集又称为评价集,评价集是评价者对评价对象可能做出的评价结

果的集合。一般以程度语言或评定取值区间作为评价目标评价集,通常可以表示为 $V=\{v_1,v_2,\cdots,v_k\}$。其中, v 为评价结果所属等级,一般用模糊语言"大、较大、中、较小、小"或者"好、较好、一般、较差、差"来表示, k 为等级数。

(3) 建立权重矩阵。因素集中各因素的重要程度不同,因此需对各因素赋予相应的权数以反映其重要程度。由这些权数组成的集合称为因素权重集,反映了各因素对评价对象的严重程度。将由各因素权重组成的矩阵记为 $\boldsymbol{A}=(a_1,a_2,\cdots,a_n)$,各因素权重应满足归一化条件和非负性条件,即

$$\sum_{i=1}^{n} a_i = 1, \quad a_i \geqslant 0 \tag{3-1}$$

(4) 建立影响因素的等级评价矩阵。每一个影响因素都有 k 个评价等级和 n 个评价指标,而每一个因素的各个等级对于评价指标都有影响,其影响程度可用隶属度函数来表示。第 i 个因素的等级评价矩阵 $\boldsymbol{R}_i$ 为

$$\boldsymbol{R}_i = \begin{pmatrix} r_{i11} & r_{i12} & \cdots & r_{i1k} \\ r_{i21} & r_{i22} & \cdots & r_{i2k} \\ \vdots & \vdots & & \vdots \\ r_{in1} & r_{in2} & \cdots & r_{ink} \end{pmatrix} \tag{3-2}$$

(5) 一级模糊综合评价。一级模糊综合评价考虑因素集的各个评价等级对评价对象的贡献。作为单因素评价,第 i 个因素的一级模糊评判集为

$$\boldsymbol{B}_i = \boldsymbol{A}_i \circ \boldsymbol{R}_i = (a_{i1}, a_{i2}, \cdots, a_{in}) \circ \begin{pmatrix} r_{i11} & r_{i12} & \cdots & r_{i1k} \\ r_{i21} & r_{i22} & \cdots & r_{i2k} \\ \vdots & \vdots & & \vdots \\ r_{in1} & r_{in2} & \cdots & r_{ink} \end{pmatrix} = (b_{i1}, b_{i2}, \cdots, b_{in}) \tag{3-3}$$

式中,"。"为模糊矩阵的合成运算,采用 $M(\cdot,+)$ 算法,其表达式为 $b_{ik}=\sum a_{ij} r_{ijk}$。

(6) 二级模糊综合评价。一级模糊综合评价反映单因素不同评价等级对评价对象的影响。二级模糊综合评价是根据模糊变换原理,综合考虑各因素对评价结果的影响,得到的多因素模糊综合评价集,记为

$$\boldsymbol{C} = \boldsymbol{A} \circ \boldsymbol{B} = (a_1, a_2, \cdots, a_n) \circ \begin{pmatrix} b_{11} & b_{12} & \cdots & b_1 \\ b_{21} & b_{22} & \cdots & b_{2k} \\ \vdots & \vdots & & \vdots \\ b_{n1} & b_{n2} & \cdots & b_{nk} \end{pmatrix} = (c_1, c_2, \cdots, c_n) \tag{3-4}$$

3.2.4 模糊识别

(1) 最大隶属度法。根据最大隶属度原则,对于多级模糊综合评价的结果,取最大隶属度 $c_k = \max \{c_i\} (1 \leqslant i,k \leqslant n)$,对应于评价集的评价指标 v_k,即为最终的评价结果。

(2) 加权平均法。加权平均法以多级综合评价集中的元素 $c_i (1 \leqslant i \leqslant n)$ 作为权数,对评价集中的备择元素 $v_i (1 \leqslant i \leqslant k)$ 进行加权处理,其结果作为评判结果,即

$$V = \frac{\sum_{i=1}^{k} c_i v_i}{\sum_{i=1}^{k} c_i} \tag{3-5}$$

3.3　安全评价指标因素权重的确定

3.3.1　层次分析法

确定指标权重的方法很多,包括定性的德菲尔(Delphi)法、专家调查法、定量数据统计处理的主成分分析法,以及定性定量相结合的层次分析(AHP)法、环比(DARE)法等。其中层次分析法是目前应用较为广泛的一种方法[8],AHP 法通过比较几个因素对同一目标的影响,确定各因素在目标中所占比例。本书的研究选择应用层次分析法。

层次分析方法的计算步骤在第 2 章中已经介绍,现将液体推进剂储库安全评价指标体系作为层次分析模型,基于此层次模型确立指标层对目标层的权重,即各影响指标因素对推进剂储库安全的权重。

3.3.2　构建判断矩阵

应用层次分析法中介绍的 $1 \sim 9$ 标度法,根据专家的打分,得到推进剂储库安全系统判断矩阵为

$$\boldsymbol{D} = (d_{ij})_{4\times4} = \begin{pmatrix} 1 & 1/5 & 3 & 1/3 \\ 5 & 1 & 5 & 3 \\ 1/3 & 1/5 & 1 & 1/3 \\ 3 & 1/3 & 3 & 1 \end{pmatrix} \quad (i,j=1,2,3,4)$$

液体推进剂储库安全管理因素集 U_1 的判断矩阵为

$$\boldsymbol{D}_1 = (d_{1ij})_{6\times6} = \begin{pmatrix} 1 & 1/5 & 1/3 & 1/7 & 1/3 & 1/5 \\ 5 & 1 & 1/3 & 1/5 & 1/3 & 1/3 \\ 3 & 3 & 1 & 1 & 1 & 1 \\ 7 & 5 & 1 & 1 & 1 & 1/3 \\ 3 & 3 & 1 & 1 & 1 & 1 \\ 5 & 3 & 1 & 3 & 1 & 1 \end{pmatrix} \quad (i,j=1,2,\cdots,6)$$

推进剂储库设备安全因素集 U_2 的判断矩阵为

$$\boldsymbol{D}_2 = (d_{2ij})_{5\times5} = \begin{pmatrix} 1 & 3 & 5 & 7 & 5 \\ 1/3 & 1 & 3 & 3 & 3 \\ 1/5 & 1/3 & 1 & 1/5 & 1 \\ 1/7 & 1/3 & 5 & 1 & 3 \\ 1/5 & 1/3 & 1 & 1/3 & 1 \end{pmatrix} \quad (i,j=1,2,\cdots,5)$$

其中:

$$\boldsymbol{D}_{21} = (d_{21ij})_{5\times5} = \begin{pmatrix} 1 & 1/3 & 1/5 & 1 & 1/3 \\ 3 & 1 & 1/3 & 3 & 1/3 \\ 5 & 3 & 1 & 3 & 1 \\ 1 & 1/3 & 1/3 & 1 & 1/5 \\ 3 & 3 & 1 & 5 & 1 \end{pmatrix} \quad (i,j=1,2,\cdots,5)$$

$$\boldsymbol{D}_{22} = (d_{22ij})_{5\times5} = \begin{pmatrix} 1 & 2 & 3 & 1 & 3 \\ 1/2 & 1 & 3 & 2 & 3 \\ 1/3 & 1/3 & 1 & 1/5 & 1/3 \\ 1 & 1/2 & 5 & 1 & 1 \\ 1/3 & 1/3 & 3 & 1 & 1 \end{pmatrix} \quad (i,j=1,2,\cdots,5)$$

$$\boldsymbol{D}_{23} = (d_{23ij})_{2\times2} = \begin{pmatrix} 1 & 1/3 \\ 3 & 1 \end{pmatrix} \quad (i,j=1,2)$$

$$\boldsymbol{D}_{24} = (d_{24ij})_{4\times4} = \begin{pmatrix} 1 & 5 & 3 & 5 \\ 1/5 & 1 & 1 & 1/3 \\ 1/3 & 1 & 1 & 1/2 \\ 1/5 & 3 & 2 & 1 \end{pmatrix} \quad (i,j=1,2,3,4)$$

$$\boldsymbol{D}_{25} = (d_{25ij})_{2\times2} = \begin{pmatrix} 1 & 1/5 \\ 5 & 1 \end{pmatrix} \quad (i,j=1,2)$$

推进剂储库人员素质因素集 U_3 的判断矩阵为

$$\boldsymbol{D}_3 = (d_{3ij})_{4\times4} = \begin{pmatrix} 1 & 3 & 3 & 7 \\ 1/3 & 1 & 1/3 & 3 \\ 1/3 & 3 & 1 & 2 \\ 1/7 & 1/3 & 1/2 & 1 \end{pmatrix} \quad (i,j=1,2,3,4)$$

推进剂储库环境状况及安全设施因素集 U_4 的判断矩阵为

$$\boldsymbol{D}_4 = (d_{4ij})_{5\times5} = \begin{pmatrix} 1 & 2 & 5 & 3 & 7 \\ 1/2 & 1 & 3 & 2 & 3 \\ 1/5 & 1/3 & 1 & 1/3 & 3 \\ 1/3 & 1/2 & 3 & 1 & 5 \\ 1/7 & 1/3 & 1/3 & 1/5 & 1 \end{pmatrix} \quad (i,j=1,2,\cdots,5)$$

3.3.3 计算权重

判断矩阵计算权重的方法有和积法和方根法,以推进剂储库安全系统因素集为例,应用方根法[5]计算权重,见表 3-1。其中 $i,j=1,2,\cdots,n$; n 为因素集中元素的个数,在此例计算中 $n=4$。

(1) 方根法计算。

表 3-1   影响因素的权重计算

风险因素	判断矩阵每行元素乘积 $M_i = \prod_{j=1}^{n} d_{ij}$	M_i 的 n 次方根 $W_i = \sqrt[n]{M_i}$	权值 $w_i = \dfrac{W_i}{\sum\limits_{j=1}^{n} W_j}$
安全管理	0.2	0.668 7	0.125 9
储库设备	75	2.942 8	0.553 8
人员素质	0.022 2	0.386 1	0.072 7
储存环境	3	1.316 1	0.247 7

(2) 计算判断矩阵的最大特征值。利用方根法计算得到判断矩阵的特征向量 $W=(w_1,w_2,\cdots,w_n)$，则判断矩阵的最大特征值为

$$\lambda_{max}=\sum_{i=1}^{n}\frac{(DW)_i}{nw_i} \tag{3-6}$$

式中，$(DW)_i$ 表示向量 DW 的第 i 个因素。

(3) 判断矩阵的一致性检验。只有当判断矩阵具有满意的一致性时，基于层次分析法得出的结论才是合理的，特征向量才能反映各因素的权重，否则需要对判断矩阵进行调整。在推进剂安全系统因素集中，因素个数 $n=4$，故 RI=0.90，代入式(3-6)和(2-4)得 $\lambda_{max}=5.596\ 6$，CI=0.065 8，得到一致性比值，有

$$CR=\frac{CI}{RI}=\frac{0.065\ 8}{0.90}=0.073\ 1<0.1$$

从而接受判断矩阵的一致性。推进剂储库安全系统各因素的权重分配为

$$A=(a_1,a_2,a_3,a_4)=(0.125\ 9,0.553\ 8,0.072\ 7,0.247\ 7)$$

如果计算得到的一致性比值大于 0.1，那么按照层次分析法得到的权重是不合理的，需要对判断矩阵进行修改，直到得到满意的一致性比值，所得到的权重才是可信的。

(4) 计算各因素集的指标权重。按照同样方法和步骤计算出其他因素和评价指标的权重。其中因素集 U_{23} 和因素集 U_{25} 的判断矩阵是 2 阶的，具有完全一致性，所计算得到的特征向量就是因素集的权重集。

$A_1=(a_{11},a_{12},a_{13},a_{14},a_{15},a_{16})=(0.051,0.091\ 1,0.199\ 7,0.207\ 2,0.199\ 7,0.251\ 3)$

$A_2=(a_{21},a_{22},a_{23},a_{24},a_{25})=(0.509,0.225\ 7,0.061\ 3,0.136,0.067\ 9)$

$A_{21}=(a_{211},a_{212},a_{213},a_{214},a_{215})=(0.075\ 1,0.160\ 9,0.344\ 4,0.075\ 1,0.344\ 4)$

$A_{22}=(a_{221},a_{222},a_{223},a_{224},a_{225})=(0.312,0.271\ 6,0.065\ 6,0.210\ 2,0.140\ 5)$

$A_{23}=(a_{231},a_{232})=(0.324\ 7,0.675\ 3)$

$A_{24}=(a_{241},a_{242},a_{243},a_{244})=(0.572\ 9,0.098\ 9,0.124\ 4,0.203\ 8)$

$A_{25}=(a_{251},a_{252})=(0.254\ 8,0.745\ 2)$

$A_3=(a_{31},a_{32},a_{33},a_{34})=(0.546\ 1,0.147\ 3,0.230\ 5,0.076\ 1)$

$A_4=(a_{41},a_{42},a_{43},a_{44},a_{45})=(0.443\ 8,0.236\ 4,0.088\ 6,0.183,0.048\ 2)$

3.4　模糊综合安全评价模型及应用

结合推进剂储库安全评价模糊综合法研究结构，对四氧化二氮储库进行了安全检查，应用德尔菲法获得各个指标体系的权重值，在上面对影响因素分析的基础上，建立四氧化二氮的储存安全评价模型，评价该四氧化二氮储库的安全等级。

3.4.1　构建储库安全评价模型

1. 综合安全评价因素集

针对储库特点和储库管理措施，在安全评价时对指标因素进行调整。建立四氧化二氮储库安全评价模型的因素集为 $U=\{U_1,U_2,U_3,U_4,U_5\}=\{$安全管理因素，储存设备因素，储存环境因素，人为因素，偶然因素$\}$。现对因素集的内容做下述说明。

（1）安全管理因素分析。安全管理方面考虑 3 个风险因素：规章制度、安全组织和安全投入。

（2）储存设备因素分析。该因素主要针对储存中可能发生泄漏事故建立指标体系。

（3）储存环境因素分析。四氧化二氮长期储存中，产生质量变化的主要原因是[9-10]储存系统密封性不良，储存系统中渗入空气，四氧化二氮不断吸收空气中的水分，增加了四氧化二氮中的水分而影响推进剂的质量，同时也加速了四氧化二氮对储存系统材料的腐蚀速度。造成储存场所内空气湿度大的原因有环境潮湿、除湿机损坏或效率不够。四氧化二氮沸点低，储存环境温度高会引起储存容器内压力升高，造成推进剂溢出或者引起储存容器压力变化而造成事故。空调机损坏或效率不够、储存场所附近有热源是造成储存温度高的原因。常温下，四氧化二氮分解为二氧化氮，储存环境通风不良导致毒气集聚，容易造成人员中毒。通常通风状况不良的原因有换气装置损坏或者效率不够、排气通道堵塞。四氧化二氮是强氧化剂，它与易燃物作用会引起着火爆炸事故，要求储存场所内禁止存放易燃物品。储存环境考虑 3 个风险因素：储存环境湿度控制、储存环境温度控制、通风状况。

（4）人为因素分析。在国内、外石化行业泄漏事故和推进剂泄漏事故中，人为失误导致事故的概率超过 50%[11]。四氧化二氮储存中需要定期检验质量变化情况，由于要打开容器取样，所以会不可避免地引起空气、水分和杂质进入容器中。因此，尽管它对安全评价结果有一定影响，但按照规定实施的操作，其影响较小，可不对其进行分析。四氧化二氮引起的人身伤害有人员灼伤和中毒，通常造成这种事故的原因是操作人员自身防护不够或者没有防护，在紧急状况下处置不当，导致四氧化二氮喷溅到身体上或者大量吸入。储存管理人员的疏忽大意，心存侥幸，检查不认真，不按规程执行，没有及时更换受损零部件等人为因素是导致事故的常见原因。因此对于人为因素，应当分析人员对储存设备的了解状况（专业技能）、人员对规章制度的落实状况以及检查和维护设备的彻底程度（职业道德）、在储存管理中的安全防护意识（安全意识）、应对特殊情况的心理状态和处置能力（心理素质）。

（5）偶然因素分析。在日常的维护检验中发生碰撞造成罐体损伤等一些偶然的因素会引起事故。同时，液体推进剂的储存中与环境有关的因素不容忽视，如发生山体滑坡、泥石流等自然灾害会影响液体推进剂的储存安全。

2. 综合安全评价指标体系

$U_1 = \{U_{11}, U_{12}, U_{13}\} = \{$规章制度，安全组织，安全投入$\}$

$U_2 = \{U_{21}, U_{22}, U_{23}\} = \{$连接差，罐体泄漏，管道泄漏$\}$

$U_3 = \{U_{31}, U_{32}, U_{33}\} = \{$环境湿度控制，环境温度控制，通风状况$\}$

$U_4 = \{U_{41}, U_{42}, U_{43}, U_{44}\} = \{$专业技能，职业道德，安全意识，心理素质$\}$

$U_5 = \{U_{51}, U_{52}\} = \{$环境因素，偶然碰撞$\}$

$U_{21} = \{U_{211}, U_{212}, U_{213}\} = \{$螺母、法兰不牢，密封圈变形损坏，法兰密封面损伤$\}$

$U_{22} = \{U_{221}, U_{222}, U_{223}, U_{224}\} = \{$未按时检验，罐体腐蚀，液罐焊接缺陷，液罐材料缺陷$\}$

$U_{23} = \{U_{231}, U_{232}\} = \{$管接头破损，阀门失效$\}$

$U_{31} = \{U_{311}, U_{312}\} = \{$环境潮湿，除湿机损坏或效率不够$\}$

$U_{32} = \{U_{321}, U_{322}, U_{323}\} = \{$无避光措施，空调机损坏或效率不够，附近有热源$\}$

$U_{33} = \{U_{331}, U_{332}\} = \{$换气装置损坏或者效率不够，排气通道堵塞$\}$

分析四氧化二氮储存中各风险因素导致发生事故的可能性大小，以及发生泄漏事故可能带来的危害后果,将事故风险划分为 5 个等级:$V=\{$大,较大,中,较小,小$\}$,专家对不同因素的评价按照指标的状况打分,最终评价结果相应地分为 5 个等级。

3. 安全评价指标的权重

权重是子因素(指标)对主因素的重要程度,反映了指标对评价对象的影响程度或者隶属程度。在模糊数学中通常用隶属函数来刻画隶属度,根据分析该因素及指标的状况,以及该指标因素在储存中出现的可能性大小和造成事故的大小的经验总结,通过专家打分判断各因素对其目标因素(评价对象)的相对重要性,得到各指标因素集的判断矩阵。5 个方面风险因素指标集即 1 级指标集的判断矩阵见表 3 - 2。

表 3 - 2　风险因素的判断矩阵

T	U_1	U_2	U_3	U_4	U_5
安全管理因素 U_1	1	2	2	3	5
储存设备因素 U_2	1/2	1	1/3	1/3	3
储存环境因素 U_3	1/2	3	1	2	5
人为因素 U_4	1/3	3	1/2	1	5
偶然因素 U_5	1/5	1/3	1/5	1/5	1

应用方根法权重计算方法和层次分析的一致性检验方法,得到一致性检验结果 CI = 0.062 9 < 0.1,认为该判断矩阵的一致性可以接受,计算出各因素的权重分配为

$$\boldsymbol{A}=(a_1,a_2,a_3,a_4,a_5)=(0.366\ 3,0.112\ 9,0.277\ 6,0.194\ 0,0.049\ 4)$$

按照同样的方法和步骤计算出各个因素以及子因素的权重分配为

$$\boldsymbol{A}_1=(a_{11},a_{12},a_{13})=(0.258\ 3,0.637\ 0,0.104\ 7)$$
$$\boldsymbol{A}_2=(a_{21},a_{22},a_{23})=(0.673\ 8,0.100\ 7,0.225\ 5)$$
$$\boldsymbol{A}_3=(a_{31},a_{32},a_{33})=(0.279\ 0,0.071\ 9,0.649\ 1)$$
$$\boldsymbol{A}_4=(a_{41},a_{42},a_{43},a_{44})=(0.069\ 9,0.569\ 5,0.266\ 0,0.094\ 6)$$
$$\boldsymbol{A}_5=(a_{51},a_{52})=(0.3,0.7)$$
$$\boldsymbol{A}_{21}=(a_{211},a_{212},a_{213})=(0.493\ 4,0.195\ 8,0.310\ 8)$$
$$\boldsymbol{A}_{22}=(a_{221},a_{222},a_{223},a_{224})=(0.180\ 2,0.053\ 9,0.254\ 8,0.511\ 1)$$
$$\boldsymbol{A}_{23}=(a_{231},a_{232})=(0.6,0.4)$$
$$\boldsymbol{A}_{31}=(a_{311},a_{312})=(0.5,0.5)$$
$$\boldsymbol{A}_{32}=(a_{321},a_{322},a_{323})=(0.188\ 4,0.730\ 6,0.081\ 0)$$
$$\boldsymbol{A}_{33}=(a_{331},a_{332})=(0.5,0.5)$$

4. 因素等级安全评价矩阵

根据专家打分得出各个因素的模糊隶属度矩阵。

$$\boldsymbol{R}_1=\begin{pmatrix}0.3 & 0.3 & 0.1 & 0.2 & 0.1\\0.1 & 0.4 & 0.3 & 0.2 & 0\\0.5 & 0.3 & 0 & 0.1 & 0.1\end{pmatrix},\quad \boldsymbol{R}_4=\begin{pmatrix}0.1 & 0.3 & 0.4 & 0.1 & 0.1\\0.5 & 0.1 & 0.2 & 0.1 & 0.1\\0.4 & 0.2 & 0.1 & 0.2 & 0.1\\0.2 & 0.3 & 0.2 & 0.1 & 0.2\end{pmatrix}$$

$$\boldsymbol{R}_5 = \begin{pmatrix} 0.3 & 0.3 & 0.2 & 0.1 & 0.1 \\ 0.1 & 0.5 & 0.1 & 0.2 & 0.1 \end{pmatrix}, \quad \boldsymbol{R}_{21} = \begin{pmatrix} 0.5 & 0.1 & 0.2 & 0.2 & 0 \\ 0.3 & 0.3 & 0.4 & 0 & 0 \\ 0.3 & 0.4 & 0.2 & 0.1 & 0 \end{pmatrix}$$

$$\boldsymbol{R}_{23} = \begin{pmatrix} 0.2 & 0.5 & 0.3 & 0 & 0 \\ 0.1 & 0.4 & 0.3 & 0.1 & 0.1 \end{pmatrix}, \quad \boldsymbol{R}_{22} = \begin{pmatrix} 0.4 & 0.3 & 0.1 & 0.2 & 0 \\ 0.4 & 0 & 0.4 & 0.2 & 0 \\ 0.5 & 0.3 & 0.2 & 0 & 0 \\ 0.5 & 0.4 & 0.1 & 0 & 0 \end{pmatrix}$$

$$\boldsymbol{R}_{31} = \begin{pmatrix} 0.1 & 0.5 & 0.2 & 0.1 & 0.1 \\ 0.4 & 0.3 & 0.2 & 0.1 & 0 \end{pmatrix}, \quad \boldsymbol{R}_{32} = \begin{pmatrix} 0.1 & 0.4 & 0.2 & 0.1 & 0.2 \\ 0.3 & 0.5 & 0.1 & 0.1 & 0 \\ 0.2 & 0.2 & 0.1 & 0.2 & 0.3 \end{pmatrix}$$

$$\boldsymbol{R}_{33} = \begin{pmatrix} 0.1 & 0.5 & 0.2 & 0.1 & 0.1 \\ 0.3 & 0.4 & 0.2 & 0.1 & 0 \end{pmatrix}$$

计算出因素 U_{21}, U_{22}, U_{23} 的模糊隶属度,得到因素集 U_2 的模糊隶属度矩阵。计算出因素 U_{31}, U_{32}, U_{33} 的模糊隶属度,得到因素集 U_3 的模糊隶属度矩阵。

$$\boldsymbol{R}_2 = \begin{pmatrix} 0.398\ 7 & 0.232\ 4 & 0.239\ 2 & 0.129\ 8 & 0 \\ 0.476\ 6 & 0.335\ 0 & 0.141\ 6 & 0.046\ 8 & 0 \\ 0.16 & 0.46 & 0.30 & 0.04 & 0.04 \end{pmatrix}$$

$$\boldsymbol{R}_3 = \begin{pmatrix} 0.25 & 0.40 & 0.20 & 0.10 & 0.05 \\ 0.254\ 2 & 0.456\ 2 & 0.118\ 8 & 0.108\ 1 & 0.062\ 0 \\ 0.22 & 0.44 & 0.20 & 0.10 & 0.04 \end{pmatrix}$$

3.4.2 储库安全的模糊综合评价

(1)一级模糊综合评价。将各因素集的权重分配和等级评价矩阵代入公式 $\boldsymbol{B}_i = \boldsymbol{A}_i \circ \boldsymbol{R}_i$,得到各因素集的一级模糊综合评价为

$$\boldsymbol{B} = \begin{pmatrix} \boldsymbol{B}_1 \\ \boldsymbol{B}_2 \\ \boldsymbol{B}_3 \\ \boldsymbol{B}_4 \\ \boldsymbol{B}_5 \end{pmatrix} = \begin{pmatrix} \boldsymbol{A}_1 \circ \boldsymbol{R}_1 \\ \boldsymbol{A}_2 \circ \boldsymbol{R}_2 \\ \boldsymbol{A}_3 \circ \boldsymbol{R}_3 \\ \boldsymbol{A}_4 \circ \boldsymbol{R}_4 \\ \boldsymbol{A}_5 \circ \boldsymbol{R}_5 \end{pmatrix} = \begin{pmatrix} 0.193\ 5 & 0.363\ 7 & 0.216\ 9 & 0.189\ 6 & 0.036\ 3 \\ 0.352\ 7 & 0.294\ 1 & 0.243\ 1 & 0.101\ 2 & 0.009\ 0 \\ 0.230\ 8 & 0.430\ 1 & 0.194\ 2 & 0.100\ 6 & 0.044\ 4 \\ 0.417\ 1 & 0.159\ 5 & 0.187\ 4 & 0.126\ 6 & 0.109\ 5 \\ 0.16 & 0.44 & 0.13 & 0.17 & 0.10 \end{pmatrix}$$

(2)二级模糊综合评价。由上面计算出来的一级模糊综合评价矩阵和各方面因素的权重分配,得到二级模糊综合评价为

$$\boldsymbol{C} = \boldsymbol{A} \cdot \boldsymbol{B} = (0.263\ 5, 0.338\ 4, 0.203\ 5, 0.141\ 7, 0.052\ 8)$$

根据最大隶属度原则 $C_m = 0.338\ 4$,判定四氧化二氮在储存中发生泄漏事故的风险为第2等级,即风险处于"较大"级别。液体推进剂在储存中经常发生跑、冒、滴、漏情况,评价结果能够反映出液体推进剂在储存中所存在的泄漏风险。

应用模糊综合评价所得到的评价结果表明,液体推进剂储存安全管理权重最大,因此首先要完善安全方面的规章制度和组织,并严格落实,在储存设备安全方面,管道连接(包括法兰连接、螺母连接)和密封圈的变形损坏成为安全检查的重点,其次是管道接头、阀门和罐体,这与文献[12]和[13]的评价结果相吻合。

安全评价的结果还显示出储存环境条件在液体推进剂安全储存中的作用,因此在选择储存场所,布置储存布局,加强储存场所的温度、湿度控制,改善通风条件是储存中必须高度重视的问题。另外,储存管理人员的责任心和工作态度在评价中对储存安全至关重要,由于细微的疏忽、不在意所导致的事故可能是灾难性的,因此相关单位在人员配备和教育上应保有重视。

评价结果能够综合反映液体推进剂储存的安全性,对液体推进剂储存安全建设具有指导意义。评价结果说明四氧化二氮在储存中发生泄漏事故的风险较大,这是由液体推进剂四氧化二氮自身的物理化学性质引起的,它对储存条件的苛刻要求具体体现了这一点。因此在安全的现状下,经常性地检查设备状况,改善储存环境,有条件的单位在模糊指标的基础上制定出安全评价的评分细则,在安全评价中采取主动,使评价结果更可信。

3.4.3　评价结果判定及分析

综合因素评价结果表明了此次运输的安全状况按 5 个等级分布,按照模糊综合评价的评定方法,分别应用最大隶属度原则和加权平均法来评定。

(1)按照最大隶属度原则评定结果。根据最大隶属度原则,对于多级模糊综合评价的结果,取最大隶属度,即

$$c_1 = \max \{c_i\} = 0.338\ 4 \quad (1 \leqslant i, k \leqslant 5)$$

对应于评价集的评价指标集中的 v_2,最终的评价结果为"较安全"(较好),即该单位能够较安全地完成偏二甲肼运输任务。

(2)按加权平均法计算评价结果。如果对各种安全级别按百分制给分[14](见表 3 - 3),可使用加权平均法求出这次任务的总评分,并按照所取得分数划定安全级别。按照加权平均法,评判结果为 $V = 73.293\ 5$,属于第 3 个级别,即该单位完成此次偏二甲肼运输任务的安全性一般。

表 3 - 3　安全级别百分制表

安全级别	安　全 (好) v_1	较安全 (较好) v_2	安全性一般 (一般) v_3	较危险 (不好) v_4	很危险 (差) v_5
百分制给分 v_i	95	80	65	45	30
安全等级评定 V	> 90	$75 \sim 89$	$60 \sim 74$	$40 \sim 59$	< 40

从最终评价结果来看,该次任务能够较安全的完成,但是最大隶属度原则评价结果和加权平均法评价结果相差一个安全等级,相比之下,使用加权平均法得到的结果保守一点。如果采取谨慎的安全态度,选择接受加权平均法的结果;如果评价的是任务执行中的风险大小,考虑风险最大,要选择接受最大隶属度原则评价结果。需要说明的是,并不是任何加权评价的结果都比最大隶属原则结果保守,在实际应用时随问题的变化而决定选择。

相对于使用事故树等传统方法,这次任务的安全评价使用模糊综合评价法,考虑到了任务相关的所有因素,根据每个因素作用大小以及它所带来的危害程度大小量化,所得结果相对科学。专家打分方法在很大程度上依赖专家在液体推进剂储存安全方面的研究和经验,在一定程度上受主观因素的影响,选择有代表性的且尽可能多的专家能够得到较好的评价结果。

3.5 事故的预防

液体推进剂储存中引起事故的原因是多方面的,而人员、设备以及所处的环境等因素对事故的作用大小都可以在安全管理中予以削弱,分析这三方面的特点,将事故预防归纳为以下内容。

(1)防止人为失误。防止人为失误有三方面:①人员对液体推进剂物理化学性质和毒性毒理的认识,熟悉储存管理中的操作规程,如取样化验、抽吸液罐操作规程等,这要求单位组织学习,开展知识竞赛、技术演练、模拟操作等活动来培养训练;②人的本质安全[16],人的本质安全是指作业人员的生理和心理状态、技术水平、思想素质达到安全的要求,要根据人体生物钟原理来保证,通过思想政治工作和稳定作业组织,加强安全责任制来实现;③要锻炼能力和防护演练,以保证人员有良好的心理素质,掌握在出现紧急状况时的应对方法,把事故消除在萌芽状态或者制止事故的蔓延。

(2)控制设备故障的发生率。设备发生故障的原因及特点在前面章节中已经分析过,原因主要有密封部件的变形、损坏、腐蚀,容器的腐蚀,安全附件如安全阀不起作用,以及设备材料与推进剂不能长期相容,而这些问题在日常检查中都能够被发现并且可以解决。管理人员所要做的工作是制定安全检查计划并落实安全检查制度,预防事故作用力的蓄积。

(3)改善储存环境。液体推进剂与水作用或者吸收空气中的水分后能生成具有腐蚀作用的产物,因此储存环境要除湿,安装通风设施和除湿机。液体推进剂在储库中的挥发,不仅形成了有毒有害气体环境,而且氧化剂气体能够形成爆炸性气体,通风是必须的,另外,还要布置消防水幕,设置防火墙。通风口或空调进口不能靠近污染源,如果在设计上不能解决,利用供空气或供氧的呼吸器保护操作人员。

(4)防护措施得当,现场秩序井然。军用保护性面罩在防御红烟(二氧化氮或者四氧化二氮)的有效性方面,受烟雾浓度和暴露时间的影响,因而面罩可能满足不了要求。在人员可能长时间暴露于高浓度的这种烟雾中的紧急情况下,应配备供应空气或氧气的呼吸器。如果工作人员同时暴露于燃烧剂和氧化剂蒸气中,不能使用军用防毒面罩,因为在面罩的滤毒罐中有可能发生反应,造成危险,因此应合理安排人员工作时间和次序。

参 考 文 献

[1] 刘铁民,张兴凯,刘功智.安全评价方法应用指南[M].北京:化学工业出版社,2005.

[2] 黄智勇,陈兴,金国锋,等.模糊综合评价法在液体推进剂贮存风险评价中的应用[J].安全与环境学报,2010,10(4):200-203.

[3] 戴树和.工程风险分析技术[M].北京:化学工业出版社,2006.

[4] Garcia P A A, Schirru R, Frutuoso E Melo P F. A fuzzy data envelopment analysis approach for FMEA[J]. Progress in Nuclear Energy, 2005, 46(3):359-373.

[5] 苊垆.实用模糊数学[M].北京:科学技术文献出版社,1989.

[6] 刘普寅,吴孟达.模糊理论及应用[M].长沙:国防科技大学出版社,1998:194-200.

[7] 金国锋,黄智勇,王煊军.液体推进剂公路运输泄风险模糊综合评价[J].安全与环境学

报,2008,8(3):158 - 161.

[8]　赵焕臣,许树柏,和金生.层次分析法——一种简易的新决策方法[M].北京:科学出版社,1986.

[9]　蒋俭,张金亭,张康征.火箭推进剂监测防护与污染治理[M].长沙:国防科技大学出版杜,1997.

[10]　彭明伟,陈新华.液体推进剂爆炸试验冲击波超压分析[J].指挥技术学院学报,2001,12(4):58 - 61.

[11]　侯瑞琴.航天靶场液体推进剂的泄漏研究与污染控制[J].安全与环境学报,2002,2(5):39 - 41.

[12]　李新其,刘祥萱,李红霞.液体推进剂贮运可靠性模糊故障树方法研究[J].火箭推进,2004,30(5):31 - 35.

[13]　王青锋,刘祥萱,王煊军.液体推进剂泄漏风险评价新方法[J].工业安全与环保,2007,33(3):58 - 60.

[14]　周经伦,龚时雨,颜兆林.系统安全分析[M].长沙:中南大学出版社,2003.

第4章　液体推进剂蒸发影响因素实验研究

　　液体推进剂在储库内发生泄漏,并形成液池,泄漏的液体推进剂在地面形成液池的同时,还不断向环境中挥发有毒有害推进剂蒸气,扩大事故影响范围,存在重大的着火、爆炸及引发人员中毒风险。研究储库内泄漏推进剂液池蒸发动力学特性,对于开展推进剂储库中液体推进剂浓度的预测、蒸气扩散规律研究,降低泄漏推进剂引发人员中毒、着火、爆炸风险,合理配置通风、消防及喷淋设施具有指导意义。

　　液体推进剂储库就是一个典型的受限空间,而储罐中的推进剂泄漏后,引发人员中毒、着火、爆炸的初始地点就在推进剂储库这个受限空间,烟气窒息和中毒是受限空间火灾、人员伤亡的首要原因[1-3]。因此,研究推进剂储库内泄漏推进剂的蒸发及扩散运动规律,对防治推进剂储库火灾和减少人员伤亡十分必要。

4.1　液体推进剂的蒸发特性

　　液体蒸发是一种复杂的物理现象,是液面与介质之间的传热、传质问题,包含了传热和传质两个同时进行的过程。液体从周围的空气中通过传导、对流和辐射获得热量,又通过对流和扩散进入空气介质中。液体蒸发的速度取决于空气的压力、温度、湿度、传输特性、液面的面积等。

　　液体蒸发的同时不断与周围环境进行热量交换,进而温度发生变化。而纯液体的饱和蒸气压是温度的函数,纯液体蒸发的动力是液体的蒸气压与该液体在周围空气中的蒸气分压之差,因此温度的变化将影响蒸发速率。而液体蒸发速率的快慢又会由于蒸发制冷而影响液体自身的温度,故蒸发速率的快慢,直接影响液体温度下降的快慢,反过来又导致蒸发速率发生变化。

　　为了便于分析储库内推进剂的蒸发,作以下假设:

　　(1)忽略液体与周围空气的辐射换热;

　　(2)周围空气及储库内推进剂蒸气均为理想气体;

　　(3)储库内推进剂内部温度均匀分布。

　　储罐中的推进剂要用 0.05 MPa 高纯度氮气保护,因此一般情况下罐内推进剂的温度要低于环境温度。当储罐中推进剂发生泄漏后,这种低温的推进剂处于常温的空气中,在与空气进行热交换时经历两个阶段,即非稳态阶段和稳态阶段。初始阶段为非稳态阶段,也称加热阶段,在这一阶段,泄漏推进剂从周围空气所吸收的热量几乎都用来升高液面的温度。当液面温度升高后,在液面所形成的饱和推进剂蒸气层有两种效果:

　　(1)为了让推进剂进一步蒸发,一部分热量需要传向液体内部。

　　(2)降低了空气向推进剂传递热量的速度,从而降低了推进剂表面温度的上升速度,使推进剂内部温度变得更加均匀。经过一段时间后,泄漏推进剂达到一个稳定的状态,这就意味着空气传给推进剂的所有热量都用于推进剂的蒸发,此时推进剂的蒸发进入了稳态阶段。

液体推进剂在空气中的蒸发的两个阶段中,非稳态阶段推进剂只与空气发生热交换,而没有质的交换;在稳态阶段,推进剂从空气中吸收的热量全部用来蒸发,推进剂的温度不再改变。

在非稳态阶段,由于边界条件缺乏,很难针对该阶段的数学模型进行解析求解,只能进行数值求解。通过数值求解发现,非稳态阶段所需的时间很短,液体推进剂的状态变化不大。因此本书开展液体推进剂泄漏液池稳态蒸发研究。

储库内推进剂蒸发的机制由推进剂的气化过程和推进剂气体扩散过程组成。推进剂的气化过程需要很大热量,包括满足液态转化为气态需要的热量;气体体积膨胀需要做的功,克服气态分子的内聚力与外部压力;推进剂分子蒸发后另一推进剂分子补充它的位置所做的功。液态推进剂分子处在不断的运动中,但是其速率不同。当液面的某些分子得到的动能足以克服推进剂分子的内聚力,则该分子即突出液面跃入紧接液面的空气中,形成了液面蒸发现象。另一方面,一部分液体推进剂分子与空气分子相碰撞而重新回到液体表面,这就是液体推进剂凝结现象。在蒸发液面上存在两种推进剂分子运动:一种是推进剂分子跃离液面(液态变为气态);另一种则是空气中的推进剂分子跃入液面(气态变为液态)。前者称为蒸发,后者称为凝结。实际蒸发量为蒸发面跃出的推进剂分子数与返回液体中的推进剂分子数之差。蒸发过程是推进剂分子交换过程,同时亦伴有能量交换过程。

液体蒸发可以分为静蒸发和动蒸发。液体在容器中处于静止状态,液面空气或其他气体不流动时液体的蒸发称为静蒸发;反之,液体在流动的气流中分散为细小颗粒的蒸发称为动蒸发。液体的蒸发过程就是质量传递的过程。对于单组分物质蒸发,其传质阻力主要为气相阻力,几乎没有液相阻力[4]。本章讨论的推进剂的蒸发是模拟推进剂发生泄漏后形成液池的蒸发,属于动蒸发范畴。

影响动蒸发的因素比较多,总体可以分为以下两方面。

(1)液体本身性质方面的因素(内部因素),如液体的沸点和蒸气压,蒸气的扩散系数,液体的蒸发潜热、黏度和表面张力等。

(2)外界环境条件的因素(外部因素),如周围空气的温度、湿度和压力,风速(空气流速),液体蒸发表面积等。

4.2　液体推进剂蒸发实验设计

早在 19 世纪初,人们就利用气象资料开始研究液体蒸发,相继建立了各种水面蒸发与水汽压差关系模型,并进一步考虑了液体的蒸气压与液体周围空气的蒸气分压之差[5]、热量传递[6-8]、风速及水汽温度差等因素对水蒸发的影响。在预测危险性液体的蒸发速率时,人们根据水的蒸发速率模型进行简单的修正[9]。但也有研究其他液体蒸发情况的,如 Mackay 和 Matsugu 进行的异丙基苯蒸发实验[10]、潘旭海等人[11]对苯的蒸发影响因素的实验研究等。由于现实情况的复杂性,泄漏形成的液池形状不规则、环境温/湿度波动、环境风速变化等,都给蒸发速率的预测带来了困难。有关液池特征尺寸、环境相对湿度对蒸发的影响目前还没有相关的研究报道[12-13]。因此,针对推进剂储库泄漏的特点,开展泄漏推进剂蒸发的实验研究很有必要。

4.2.1 蒸发实验设计思路

实验模拟液体推进剂储库环境条件以及推进剂泄漏后形成液池的蒸发情况。研究对象主要考虑温度、湿度、压力、风速、蒸发面积等外界因素对液体推进剂蒸发速率的影响。

通常情况下,对液池蒸发过程的研究有3种方法:大规模现场实验法、实验室风洞实验模拟法和现场小型实验法[14]。大规模现场实验的优点是事故再现性强,能够得到真实的蒸发数据资料;其缺点是实验费用高,环境条件变化大,不能考察单一因素对蒸发过程的影响,实验不能重复进行。然而,在相同的条件下重复进行实验对于建模非常重要。实验室风洞实验模拟法可系统考察某变量对气体蒸发的影响。由于风洞只能做到对蒸发过程的部分模拟,加之无量纲相似参数的选择等方面存在尚未解决的问题,模拟结果存在一定程度的失真。小型现场实验适用于化学性质活泼的危险气体,能较好模拟出危险重气体在大气中的蒸发扩散过程。该方法在现场实施过程中释放量小,安全性高,可基本模拟出液体推进剂事故泄漏后液池蒸发的情景。

综合3种研究方法的优、缺点,确定研究方案:通过小型模拟储库现场实验,研究各种因素对偏二甲肼和四氧化二氮蒸发过程的影响,综合分析实验结果,得出结论。

当采用小型现场实验进行蒸发速率的研究时,有2种方法可供选择。第1种方法是通过测量容器内蒸发液体质量的损失得到蒸发速率;第2种方法是通过测量实验现场的蒸气浓度来得到蒸发速率。第1种方法比较直接,根据质量守恒定律,液体质量蒸发速率就是液体的质量损失速率。第2种方法需要测量蒸气浓度后通过重气扩散公式等进行反推,而扩散公式都不同程度的存在误差。同时,蒸气浓度的测量值和真实值又存在着滞后现象。因此,第1种方法的测量精确度比第2种高,本章采用第1种方法来测量液池的蒸发速率,并以此探讨蒸发机理和特性,拟合得到蒸发经验模型。

4.2.2 蒸发实验装置

把装有液体推进剂的容器置于实验场地(模拟两种推进剂储库实际情况),在一定的风速、温度、蒸发面积、湿度、压强下进行蒸发实验。由质量守恒定律可知,液体推进剂的蒸发速率即容器质量减少速率。

将装有实验液体推进剂的容器置于与推进剂储库具有相似结构的受限空间内。容器为圆形浅层容器(蒸发皿),按实验要求设计不同的液池面积。液体质量由称重传感器进行测量,环境风速由斜流风机提供,风速由电热球式电风速仪测量,为保证风速均匀,采用蜂窝器进行整流。通过风机转速的微调保证风速波动为 $\pm 0.1\ \mathrm{m \cdot s^{-1}}$。为保证实验环境内温度波动在 $\pm 0.5℃$ 内,需安装可调功率的空气加热器。为保证实验期间环境湿度波动小于 $\pm 1.5\%$(RH),需安装可调整的环境空气加湿器和空调。使用温度传感器测量环境温度和推进剂温度,测量数据经数据采集装置存储于电脑中。为保证实验测量误差控制在适当的范围之内,每项实验重复3次,结果取平均值。装有液体推进剂的容器置于一固定高度,用称量系统称量。通过大气压力表测量发现,环境固定后,大气压力在一个很小的范围内变化,其影响甚微,实验假定大气压恒定。

通过改变风速、容器的大小、环境温度、环境湿度来分别考察各种因素对蒸发的影响,实验中风向与液池面平行。为尽可能减少实验误差,各实验仪器都进行计量检定。

实验模型如图 4-1 所示,主要包括 3 个系统:获取液体推进剂质量减少量的称量系统,装有液体推进剂的容器系统以及各因素的调节系统。

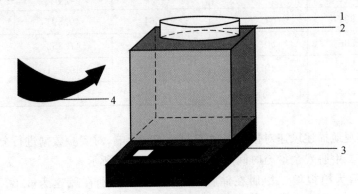

图 4-1　实验模型

1—容器系统;　2—液体推进剂(偏二甲肼/四氧化二氮)液体;

3—称量系统;　4—各因素调节系统

4.3　储库内偏二甲肼蒸发的影响因素研究

实验所用液体推进剂偏二甲肼纯度为 98.15% 以上,四氧化二氮纯度不低于 98%,将偏二甲肼/四氧化二氮定量注入蒸发皿中,置于固定高度(高于地面),每隔一段时间从称量系统中获得测定试样质量变化。实验测量的主要参数有:蒸发皿中偏二甲肼/四氧化二氮量随时间的变化,偏二甲肼/四氧化二氮蒸发速率随环境温度、湿度、风速、面积等因素的变化等。

速率计算公式为

$$v = \frac{G - G_i}{Avt_i} \times 1\,000 \qquad\qquad (4-1)$$

式中　G—— 偏二甲肼 / 四氧化二氮蒸发起始量,g;

　　　G_i——t_i 时刻偏二甲肼 / 四氧化二氮残余量,g;

　　　A—— 液池面积,cm²;

　　　v—— 蒸发速率,mg/(cm² · min);

　　　t_i—— 蒸发时间,min。

4.3.1　风速

为研究风速对偏二甲肼蒸发的影响,进行 UW 系列实验(U 代表偏二甲肼,W 代表该系列实验是研究风速对蒸发的影响)。该系列实验的液池直径为 8.6 cm,环境温度为 15.0℃,相对湿度为 45.0%。每隔 5 min 记录不同风速环境下,容器中偏二甲肼的残余量,实验数据见表 4-1。

表 4 - 1　UW 系列实验数据

蒸发时间/min	0.06 m/s 时偏二甲肼残余量/g	0.5 m/s 时偏二甲肼残余量/g	1 m/s 时偏二甲肼残余量/g	1.5 m/s 时偏二甲肼残余量/g	2 m/s 时偏二甲肼残余量/g
0	53.501	53.730	53.480	53.101	53.600
5	53.201	52.621	51.982	51.322	51.121
10	52.901	51.600	50.561	49.591	49.108
15	52.586	50.582	49.160	47.852	47.065
20	52.295	49.485	47.760	46.121	45.000
25	51.992	48.486	46.351	44.390	43.1

为了形象直观地描述风速对偏二甲肼蒸发速率的影响,对实验数据进行分析处理,得到不同风速环境下偏二甲肼残余量与时间的关系图,如图 4 - 2 所示。

图 4 - 2 所示为模拟偏二甲肼在储存环境条件下,分别在风速为 0.06 m/s,0.5 m/s,1.0 m/s,1.5 m/s,2.0 m/s 等 5 种情况下,发生意外泄漏,其溅落于地面液池中的偏二甲肼剩余量随时间的变化关系。图 4 - 2 中直线斜率值的绝对值为该风速条件下偏二甲肼的蒸发速率。通过图中比较发现可以看出,风速加大,单位时间内蒸发皿中偏二甲肼的残余量减少加快,即蒸发速率增大。从表 4 - 1 中可以定量观察到:当风速为 0.06 m/s 时,25 min 内容器中偏二甲肼减少量为 1.509 g;当风速为 2.0 m/s 时,25 min 内容器中偏二甲肼减少量达到了 10.5 g。

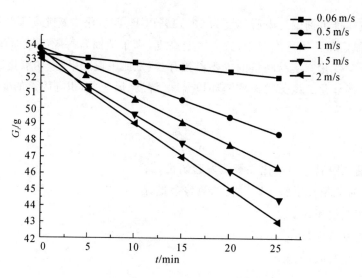

图 4 - 2　不同风速条件下偏二甲肼残余量与时间的关系

偏二甲肼蒸发速率随风速的增大而加快,这是因为当面积、湿度、温度、大气压一定时,偏二甲肼蒸发速率主要取决于大气与偏二甲肼蒸发表面之间的传热与传质。风速增大,偏二甲肼蒸气的扩散速度增大,相当于蒸气分子的移动速度增大。在偏二甲肼的整个蒸发过程中,偏二甲肼气体分子在气相中的扩散,对蒸发的速度有很大的影响,分子扩散速度增大有利于蒸发皿液面的偏二甲肼气体分子快速从液面离开,促进偏二甲肼液体的蒸发。

当风速增大时,加大了液面上空气的对流及涡流运动,把浓度大的偏二甲肼蒸气层带走,取而代之的是浓度很低的偏二甲肼蒸气,这个过程使蒸发液面与临近的空气之间始终保持了较高的蒸气浓度差,增强了偏二甲肼蒸发表面与空气之间的对流传热与传质,偏二甲肼的蒸发速率也随之迅速增加。

4.3.2　液池面积

为研究液池面积对蒸发的影响,进行 UA 系列实验(U 代表偏二甲肼,A 代表该系列实验是研究液池面积对蒸发速率的影响)。该系列实验的环境温度为 18℃,相对湿度为 45.0%,风速为 0.06 m/s。每隔 5 min 记录不同液池面积环境下的偏二甲肼残余量,实验数据见表4－2。

表 4－2　UA 系列实验数据

蒸发时间/min	直径 9.4 cm 时偏二甲肼残余量/g	直径 8.6cm 时偏二甲肼残余量/g	直径 6.5cm 时偏二甲肼残余量/g	直径 5.8cm 时偏二甲肼残余量/g
0	53.520	53.210	53.011	53.121
5	53.051	52.825	52.788	52.958
10	52.654	52.485	52.578	52.801
15	52.155	52.121	52.381	52.615
20	51.801	51.810	52.170	52.468
25	51.356	51.425	51.951	52.311

为了形象直观地描述液池面积对偏二甲肼蒸发速率的影响,本书对实验数据进行分析处理,得到不同液池面积下偏二甲肼残余量与时间的关系图,如图 4－3 所示。

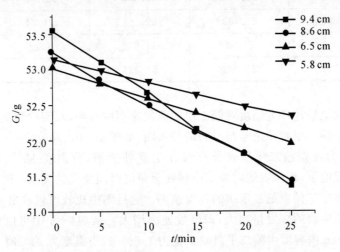

图 4－3　不同液池面积条件下偏二甲肼残余量与时间的关系

图 4-3 所示为模拟偏二甲肼在储存环境条件下发生泄漏后,偏二甲肼残留于地面液池的蒸发状况,蒸发皿直径分别为 9.4 cm、8.6 cm、6.5 cm、5.8 cm 等 4 种情况下,形成不同液池面积的偏二甲肼残余量随时间变化的关系。图 4-3 中直线斜率值的绝对值为该面积下偏二甲肼的蒸发速率。通过比较发现:蒸发皿面积增大,单位时间内蒸发皿中偏二甲肼剩余量减少,即蒸发速率增大。从表 4-2 中可以定量观察到:当蒸发皿直径为 5.8 cm 时,25 min 内容器中偏二甲肼减少量为 0.81 g;当蒸发皿直径为 9.4 cm 时,25 min 内容器中偏二甲肼减少量达到了 2.164 g。

偏二甲肼蒸发速率随面积的增大而加快,这是因为蒸发是在液体表面上进行的气化过程,当推进剂温度、湿度、风速、大气压相同时,液体的蒸发表面越大,单位时间内的蒸发量也就越大。而且液池内只有偏二甲肼液体,属于单组分物质蒸发,其传质过程几乎不存在液相阻力[4]。因此液池面积增大,单位时间内从液体表面向空气中逃逸的偏二甲肼的分子增多[15],偏二甲肼蒸发速率也随之增大。

4.3.3 温度

为研究环境温度对偏二甲肼蒸发的影响,进行 UT 系列实验(U 代表偏二甲肼,T 代表该系列实验是研究温度对蒸发速率的影响)。该系列实验的蒸发皿直径为 8.6 cm,环境相对湿度为 53.0%,风速 0.06 m/s。每隔 5 min 记录不同环境温度下偏二甲肼的残余量,实验数据见表 4-3。

表 4-3 UT 系列实验数据

蒸发时间/min	12℃时 偏二甲肼残余量/g	15℃时 偏二甲肼残余量/g	18℃时 偏二甲肼残余量/g	21℃时 偏二甲肼残余量/g	24℃时 偏二甲肼残余量/g
0	53.301	53.35	53.363	53.321	53.545
5	53.001	52.98	52.946	52.801	52.946
10	52.701	52.641	52.535	52.279	52.352
15	52.386	52.302	52.098	51.74	51.749
20	52.095	51.94	51.672	51.226	51.142
25	51.792	51.598	51.221	50.709	50.553

为了形象直观地描述环境温度对偏二甲肼蒸发速率的影响,对实验数据进行分析处理,得到不同环境温度下偏二甲肼残余量与时间的关系图,如图 4-4 所示。

图 4-4 所示为模拟偏二甲肼在储存时发生意外泄漏,分别在 12℃、15℃、18℃、21℃、24℃ 等 5 种环境温度下,地面液池内偏二甲肼残余量随时间变化的关系。图 4-4 中直线斜率值的绝对值为该温度条件下偏二甲肼的蒸发速率。通过图中比较可以看出,温度增高,单位时间内蒸发皿中偏二甲肼的挥发量增大,即蒸发速率增大。从表 4-3 中可以定量观察到:当温度为 12℃ 时,25 min 内容器中偏二甲肼减少量为 1.509 g;当温度为 24℃ 时,25 min 内容器中偏二甲肼减少量达到了 2.992 g。

当推进剂面积、湿度、风速、大气压一定时,偏二甲肼蒸发速率随温度的升高而加大。这是因为温度升高后,分子运动的速度增加,分子有了更高的动能,更多的偏二甲肼分子能够溢出

液体表面,因而增大了偏二甲肼的蒸气压。温度的变化直接影响液体的黏度,液体黏度与温度的关系可表示为

$$\lg \eta = \frac{A}{T} + B \qquad (4-2)$$

其中,η 为液体黏度;T 为液体的绝对温度;A,B 均为常数。

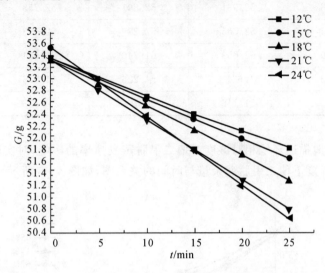

图 4-4　不同温度条件下偏二甲肼残余量与时间的关系

用式(4-2)可以分析到,温度升高,偏二甲肼黏度随之而降低,偏二甲肼液体分子间互相滑动比较容易,分子运动的速度增大,分子获得了较大的动能,因此促进了偏二甲肼液体的蒸发。

温度的变化也影响液体的表面张力。液体表面张力与温度的关系可表示为

$$\sigma_t = \sigma_o(1 - at) \qquad (4-3)$$

其中,σ_t 为液体 t℃ 时的表面张力;σ_o 为液体 0℃ 时的表面张力;a 为温度系数,a 值因液体不同而变化,一般取值约为 $0.01 \sim 0.1$。

从式(4-3)可以分析到,温度升高,偏二甲肼表面张力随之而降低,偏二甲肼液体分子气化需要克服表面张力所做的功减少,更多的偏二甲肼分子能从液态转化为气态。

最后,温度升高后,偏二甲肼蒸气在空气中扩散速度也迅速增大。这些都有利于偏二甲肼的蒸发。需要注意的是,偏二甲肼常压下其沸点为 63.1℃,只有当环境温度高于该值时,饱和蒸气压会接近大气压,蒸发速率趋于一固定值。

4.3.4　湿度

为研究环境湿度对偏二甲肼蒸发的影响,进行 UH 系列实验(U 代表偏二甲肼,H 代表该系列实验是研究相对湿度对蒸发速率的影响)。该系列实验的蒸发皿直径为 8.6 cm,保持环境温度 21℃,风速 0.06 m/s。每隔 5 min 记录不同相对湿度下偏二甲肼的残余量,实验数据见表 4-4。

表 4－4　UH 系列实验数据

蒸发时间/min	38％(RH)时 偏二甲肼残余量/g	45％(RH)时 偏二甲肼残余量/g	53％(RH)时 偏二甲肼残余量/g	62％(RH)时 偏二甲肼残余量/g	69％(RH)时 偏二甲肼残余量/g
0	53.380	53.363	53.321	53.330	53.340
5	52.928	52.931	52.801	52.758	52.707
10	52.615	52.505	52.279	52.196	52.142
15	52.210	52.053	51.740	51.634	51.521
20	51.802	51.631 2	51.226	51.086	50.918
25	51.350	51.146	50.709	50.528	50.315

　　为了形象直观地描述环境相对湿度对偏二甲肼蒸发速率的影响,对实验数据进行分析处理,得到不同相对湿度下偏二甲肼残余量与时间的关系图,如图 4－5 所示。

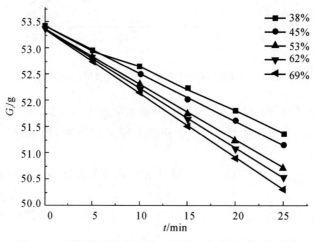

图 4－5　不同湿度条件下偏二甲肼残余量与时间的关系

　　图 4－5 所示为模拟偏二甲肼在储存时,分别在 38.0％、45.0％、53.0％、62.0％、69.0％ 的 5 种相对湿度下,发生意外泄漏,其地面形成液池内偏二甲肼残余量与时间的关系。图 4－5 中直线斜率值的绝对值为该湿度条件下偏二甲肼的蒸发速率。通过图中比较可以发现:湿度加大,单位时间内蒸发皿中偏二甲肼的蒸发量增大,即蒸发速率增大。从表 4－4 中可以定量观察到:当相对湿度为 38％时,25 min内容器中偏二甲肼减少量为 2.03 g;当相对湿度为 69％ 时,25 min 内容器中偏二甲肼减少量达到了 3.025 g。

　　偏二甲肼蒸发速率随湿度的增大而加快,这是因为偏二甲肼吸湿性较强,气化的偏二甲肼分子在大气中能与水蒸气迅速结合,生成了共轭酸和碱,增大了蒸发表面与大气中偏二甲肼的浓度差。

　　同时,大气中偏二甲肼分子的扩散速度也随着浓度差增大而加快,这样停留在液体表面的偏二甲肼分子就能以更快的速率蒸发到大气中,增大了偏二甲肼的蒸发速率。

4.4　储库内四氧化二氮蒸发的影响因素研究

4.4.1　风速

为研究风速对蒸发的影响,进行 NW 系列实验(N 代表四氧化二氮,W 代表该系列实验是研究风速对蒸发的影响)。该系列实验的蒸发皿直径为 4.70 cm,环境温度为 11.5℃,相对湿度为 88.0%。每隔 3 min 记录不同风速下四氧化二氮的残余量,实验数据见表 4-5。

表 4-5　NW 系列实验数据

蒸发时间/min	0.06m/s时四氧化二氮残余量/g	0.5m/s时四氧化二氮残余量/g	0.9m/s时四氧化二氮残余量/g	1.5m/s时四氧化二氮残余量/g	2m/s时四氧化二氮残余量/g
0	123.329	123.327	123.388	123.368	123.36
3	123.03	122.493	122.058	121.388	120.5
6	122.772	121.939	120.83	119.526	118.49
9	122.49	121.17	119.612	117.801	116.31
12	122.25	120.349	118.431	115.601	114.136
15	122.035	119.722	117.27	114.37	111.79

为了形象直观地描述风速对四氧化二氮蒸发速率的影响,对实验数据进行分析处理,得到不同风速环境下四氧化二氮残余量与时间的关系图,如图 4-6 所示。

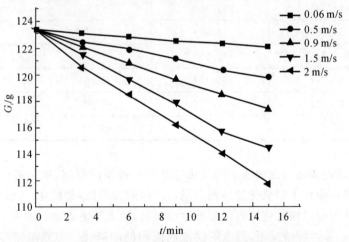

图 4-6　不同风速条件下四氧化二氮残余量与时间的关系

图 4-6 所示为模拟四氧化二氮在储存时,分别在0.06 m/s、0.5 m/s、0.9 m/s、1.5 m/s、2.0 m/s 等 5 种风速情况下,发生意外泄漏,其地面液池内的四氧化二氮残余量随时间变化的关系。图4-6中直线斜率值的绝对值为该风速条件下四氧化二氮的蒸发速率。通过图中比较

发现可以看出,风速加大,单位时间内液池中四氧化二氮的减少量增大,即蒸发速率增大。从表4-5中可以定量观察到:当风速为0.06 m/s时,15 min内容器中四氧化二氮减少量为1.294 g;当风速为2 m/s时,15 min内容器中四氧化二氮减少量达到了11.57 g。

四氧化二氮蒸发速率随风速的增大而加快,这是因为当面积、湿度、温度、大气压一定时,四氧化二氮蒸发速率主要取决于空气与四氧化二氮蒸发表面之间的传热与传质。风速增大,四氧化二氮蒸气的扩散速度增大,相当于蒸气分子的移动速度增大。在四氧化二氮的整个蒸发过程中,四氧化二氮气体分子在气相中的扩散,对蒸发的速度有很大的影响,分子扩散速度增大有利于靠近蒸发皿液面的四氧化二氮气体分子快速从液面离开,促进四氧化二氮液体的蒸发。

当风速较大时,加大了液面上空气的对流及涡流运动,把浓度大的四氧化二氮蒸气层带走,取而代之的是浓度很低的四氧化二氮蒸气。这个过程使蒸发液面与临近的空气之间始终保持了较高的蒸气浓度差,增强了四氧化二氮蒸发表面与空气之间的对流传热与传质,四氧化二氮的蒸发速率也随之迅速增加。

4.4.2 液池面积

为研究不同液池面积对蒸发的影响,进行NA系列实验(N代表四氧化二氮,A代表该系列实验是研究液池面积对蒸发的影响)。该系列实验环境温度为14℃,相对湿度为86.0%,风速为0.06 m/s。每隔3 min记录不同液池面积环境下的四氧化二氮的残余量,实验数据见表4-6。

表4-6 NA系列实验数据

蒸发时间/min	直径4.7cm时四氧化二氮残余量/g	直径4.14cm时四氧化二氮残余量/g	直径3.71cm时四氧化二氮残余量/g	直径2.67cm时四氧化二氮残余量/g
0	63.148	63.105	63.13	63.189
3	62.836	62.899	62.969	63.113
6	62.545	62.682	62.79	63.028
9	62.267	62.461	62.61	62.936
12	62.001	62.253	62.432	62.85
15	61.748	62.039	62.253	62.755

为了形象直观地描述液池面积对四氧化二氮蒸发速率的影响,本书对实验数据进行分析处理,得到不同液池面积下四氧化二氮残余量与时间的关系图,如图4-7所示。

图4-7所示为模拟四氧化二氮储罐发生泄漏时,地面液池直径分别为4.7 cm、4.14 cm、3.71 cm、2.67 cm等4种情况下,形成不同液池面积的四氧化二氮残余量与时间的关系。图4-7中直线斜率值的绝对值为该面积下四氧化二氮的蒸发速率。通过比较发现,液池面积增大,单位时间内液池中四氧化二氮剩余量减少,即蒸发速率增大。从表4-6中可以定量观察到:当液池直径为2.67 cm时,15 min内容器中四氧化二氮减少量为0.434 g;当液池直径为4.7 cm时,15 min内容器中四氧化二氮减少量达到了1.4 g。四氧化二氮蒸发速率随液池面积增大而增大,其原因与偏二甲肼情况相类似。

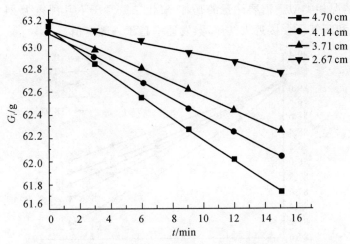

图 4-7　不同液池面积条件下四氧化二氮残余量与时间的关系

4.4.3　温度

为研究不同温度对蒸发的影响,进行 NT 系列实验(N 代表四氧化二氮,T 代表本系列实验是研究温度对蒸发的影响)。该系列实验蒸发皿直径为 4.70 cm,环境相对湿度为 56.0%,风速为 0.06 m/s。每隔 3 min 记录不同环境温度下四氧化二氮的残余量,实验数据见表 4-7。

表 4-7　NT 系列实验数据

蒸发时间/min	10.2℃时四氧化二氮残余量/g	12℃时四氧化二氮残余量/g	14℃时四氧化二氮残余量/g	16℃时四氧化二氮残余量/g	18.9℃时四氧化二氮残余量/g
0	89.029	89.03	89.034	89.086	89.018
3	88.8	88.745	88.725	88.717	88.571
6	88.603	88.511	88.454	88.416	88.22
9	88.42	88.263	88.196	88.117	87.8
12	88.208	88.052	87.95	87.826	87.5
15	88.006	87.85	87.71	87.525	87.19

为了形象直观地描述环境温度对四氧化二氮蒸发速率的影响,本书对实验数据进行分析处理,得到不同环境温度下四氧化二氮残余量与时间的关系图,如图 4-8 所示。

图 4-8 所示为模拟四氧化二氮在储存时发生意外泄漏,分别在10.2℃、12℃、14℃、16℃、18.9℃等 5 种环境温度下,地面液池四氧化二氮残余量与时间的关系。图 4-8 中直线斜率值的绝对值为该温度条件下四氧化二氮的蒸发速率。通过图中比较可以看出,温度增高,单位时间内蒸发皿中四氧化二氮的蒸发量增大,即蒸发速率增大。从表 4-7 中可以定量观察到:当温度为 10.2℃时,15 min 内容器中四氧化二氮减少量为 1.023 g;当温度为 18.9℃时,15 min 内容器中四氧化二氮减少量达到了1.828 g。四氧化二氮蒸发速率随环境温度升高而增大,其

原因与偏二甲肼情况相类似。需要注意的是,四氧化二氮常压下其沸点为 21.15℃,当环境温度高于该值时,饱和蒸气压会接近大气压,蒸发速率趋于一固定值。

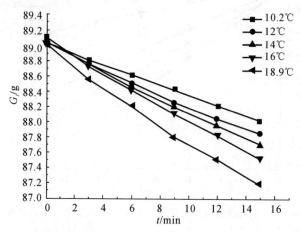

图 4-8   不同温度条件下四氧化二氮残余量与时间的关系

4.4.4   湿度

为研究不同湿度对蒸发的影响,进行 NH 系列实验(N 代表四氧化二氮,H 代表该系列实验是研究湿度对蒸发的影响)。该系列实验蒸发皿直径为 4.7 cm,环境温度 14℃,风速为 0.06 m/s。每隔 3 min 记录不同相对湿度下四氧化二氮的残余量,实验数据见表 4-8。

表 4-8   NH 系列实验数据

蒸发时间/min	54%(RH)时四氧化二氮残余量/g	60%(RH)时四氧化二氮残余量/g	67%(RH)时四氧化二氮残余量/g	75%(RH)时四氧化二氮残余量/g	86%(RH)时四氧化二氮残余量/g
0	89.034	89.06	89	89.01	89.005
3	88.728	88.666	88.711	88.673	88.59
6	88.46	88.456	88.416	88.367	88.202
9	88.215	88.166	88.101	88.08	87.932
12	87.957	87.926	87.836	87.76	87.627
15	87.72	87.686	87.556	87.48	87.336

为了形象直观地描述相对湿度对四氧化二氮蒸发速率的影响,本书对实验数据进行分析处理,得到不同相对湿度下四氧化二氮残余量与时间的关系图,如图 4-9 所示。

图 4-9 所示为模拟四氧化二氮在储存时,分别在 54.0%、60.0%、67.0%、75.0%、86.0% 等 5 种相对湿度环境下,发生意外泄漏,其地面液池中四氧化二氮残余量与时间的关系。图 4-9 中直线斜率值的绝对值为该湿度条件下四氧化二氮的蒸发速率。通过图中比较可以发现,湿度加大,单位时间内蒸发皿中四氧化二氮的蒸发量增大,即蒸发速率增大。从表 4-8 中可以定量观察到:当相对湿度为 54.0% 时,15 min 内容器中四氧化二氮减少量为

1.314 g；当相对湿度为 86.0% 时，15 min 内容器中四氧化二氮减少量达到了 1.669 g。

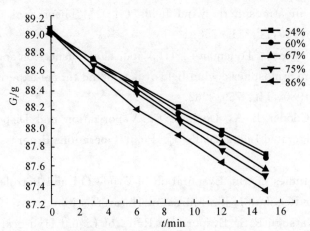

图 4-9　不同湿度条件下四氧化二氮残余量与时间的关系

四氧化二氮蒸发速率随湿度的增大而加快，这是因为四氧化二氮易吸收空气中水分，与水作用生成硝酸并放热，则

$$3N_2O_4 + 2H_2O \Longrightarrow 4HNO_3 + 2NO + Q$$

气化的四氧化二氮分子在大气中能与水蒸气迅速结合生成硝酸和一氧化氮，增大了四氧化二氮在蒸发表面与大气、大气与大气之间的浓度差。同时，大气中四氧化二氮分子的扩散速度也随着浓度差增大而加快，使停留在液体表面的四氧化二氮分子能以更快的速率挥发到大气中，增大了四氧化二氮的蒸发速率。反应释放的热量同时又增加了液面内四氧化二氮分子的运动速度，进而加强了液态分子逃逸液面的能力，对增加蒸发速率起到了促进作用。比较图 4-8 和图 4-9 四氧化二氮的蒸发速率，也可以证实这一观点。

参 考 文 献

[1]　黄智勇，陈兴，平燕兵，等.储存条件下偏二甲肼蒸发特性的研究[J].导弹与航天运载技术，2011，311(1)：54-57.

[2]　黄智勇，陈兴，王煊军，等.四氧化二氮推进剂贮存条件下蒸发模型的研究[J].化学推进剂与高分子材料，2011，9(2)：6-59.

[3]　黄智勇，罗锋，王煊军，等.储库内偏二甲肼蒸发扩散模型数值模拟[J].科技导报，2011，29(24)：67-70.

[4]　Donald Mackey, Ronald S Matsugu, Evaporation Rates of Liquid Hydrocarbon Spills on Land and Water[J]. The Canada Journal of Chemical Engineering, 1973, 51(8)：434-439.

[5]　Nielsen F, Olsen E, Fredenslund A. Prediction of Isothermal Evaporation Rates of Pure Volatile Organic. Compounds in Occupational Environments —a Theoretical Approach Based on Laminar Boundary Layer Theory[J]. Annual Occupation Hygiene, 1995, 39 (4)：497-511.

［6］　Reijnhart R，Piepers J，Toneman L. H1 Vapor cloud dispersion and the evaporation of volatile liquids in atmospheric wind fields（Ⅰ）：Theoretical model Atmospheric Environment，1980,14:751－758.

［7］　Reijnhart R，Piepers J，Toneman L. H1 Vapor cloud dispersion and the evaporation of volatile liquids in atmospheric wind fields（Ⅱ）：Wind tunnel experiments Atmospheric Environment，1980，14：759－762.

［8］　Studer D W，Cooper B A，Doelp L C. Vaporization and Dispersion Modeling of Contained Refrigerated Liquid Spills[J]. Plant/Operations Progress，1988，7(2):127－135.

［9］　Fingas M F. Studies on the Evaporation of Crude Oil and Petroleum Products（II）：Boundary Layer Regulation[J]. Journal of Hazardous Materials，1998，54：41－58.

［10］　Mackay D，Matsugu R S. Evaporation Rates of Liquid Hydrocarbon Spills on Land and Water[J]. The Canada Journal of Chemical Engineering，1973，51(8)：434－439.

［11］　潘旭海，蒋军成，龚红卫.单组分液体蒸发过程动力学特性[J].化工学报,2006,57(9)：2058－2061.

［12］　Kunsch J P. Two－layer Integral Model for Calculating the Evaporation Rate from a Liquid Surface[J]. Journal of Hazardous Materials，1998，59：167－187.

［13］　Lennert A，Nielsen F，Breum N. O1 Evaluation of evaporation and concent ration dist ribution models —a test chamber study[J]. Annual Occupation Hygiene，1997，41(6)：625－641.

［14］　冯志华,聂百胜.危险气体泄漏扩散的实验室方法研究[J].中国安全科学学报,2006,16(7):18－23.

［15］　黄乙武.液体燃料的性质和应用[M].北京:中国石化出版社,1985.

第5章 液体推进剂储库泄漏蒸发模型研究

储库中推进剂泄漏后在地面上聚集形成液池,由于液体推进剂的蒸发特性,向环境中散发有毒、易燃易爆蒸气,不但危害储库管理人员健康,更为重要的是存在极大的着火、爆炸风险。对储存条件下液体推进剂泄漏蒸发模型的研究,有助于计算液体推进剂蒸发的总质量,预测周围环境中推进剂气体浓度,开展安全环境风险分析,制定事故应急预案。

5.1 建模方法

1. 模型类型

一般情况下,根据对工程实践的了解程度,可以将模型分为下述 3 种类型[1]。

(1)白箱模型。也称机理模型。它是以客观事物的变化规律为基础建立起来的,在相当大的范围内适用。对于复杂系统来说,机理建模方法的使用范围非常有限,因此实际中人们很难完全摸清事物变化的规律,何况人们对于规律的分析总是建立在很多简化或假设之上的,与真实情况有着很大的差距。

(2)灰箱模型。由于人们对于客观事物变化机理认识不够充分,虽然知道各种因素之间存在一定的函数关系,但尚不清楚其确切的定量关系。对象的部分机理清楚,但部分需要通过输入/输出数据确定。模型的建立可能存在两种情况,一种是由物理背景推断出模型的结构,然后用辨识或模拟的方法获得模型参数;另一种情况是根据先验知识得出模型的部分结构,而其他部分则是未知的黑箱模型,需要由观测数据确定。对于复杂的系统,灰箱模型是一个值得研究的重要方法,如何把过程的先验知识或后验知识,甚至是系统设计的知识应用到建模过程,是一个重要课题。

(3)黑箱模型。过程的内部机理不清晰,只能通过给过程施加某种激励信号,然后测定其相应输出,再根据输入/输出数据,通过系统辨识或模拟的方法建立模型。

2. 建模步骤

建立模型的一般步骤如下:

(1)调查、实验和过程机理分析。这是建模的基础。通过实际调查和现场监测,对系统的具体情况有一个较为准确的认识,对环境过程的机理进行分析,以确定选用现成的模型或自行推导模型。

(2)模型的推导和选择。一般情况下,人们比较容易找到很多现成的、通用的模型,但是首先必须确定这些现有的模型是否适用,若不适用必须按照具体情况自行推导更适合的模型。一方面,现成的模型计算程序可以减少推导模型和编制程序所需要的费用;另一方面,推导出一个适合于具体情况的模型虽然费用较高,但精度较好。模型的推导和选择的基本原则是,在任何情况下都不要把一个模型生硬地套在一个具体情况上。

(3)模型的标定。模型标定又称模型中待定系数的估值运算。灰箱模型至少存在一个待定系数,这些系数的数值要根据实际观测数据确定。一个能够反映客观实际的数学模型,只有在它得到合理的系数数值之后,才能应用于具体的环境中。一般情况下,系数估值的方法有多种,如:最小二乘法、最优化法、经验公式法和蒙特卡罗法等。

(4)模型的验证和修正。标定后的模型,必须经过验证或检验后才能确定是否可以在一定范围内应用。模型的验证是将数据的状态变量代入已标定的模型,将计算的输出值和实测值进行比较。

(5)灵敏度分析。灵敏度分析的目的是估计模型输出的可能误差范围。如果一个模型的输出对系数的灵敏度太高,则系数估值中的细小误差会给输出带来很大的误差,用这样的模型进行预测,其结果将非常不稳定。环境系统一般希望采用对模型系数的灵敏度适当的模型。

5.2　推进剂蒸发模型的设计

关于液体推进剂的蒸发模型,美国 A. M. Adamel 等人研究了 Tomsk 区域(火箭发射升空后二级分离弹体落于该区域)火箭弹体二级分离后液体推进剂液滴在空中的蒸发[2],描述液体推进剂蒸发公式为

$$v = 4\pi r_{\mathrm{p}}^2 k \frac{X}{1-X} \tag{5-1}$$

式中　　v—— 液体推进剂蒸发速率;

　　　　r_{p}—— 液滴半径;

　　　　k—— 传质系数,是关于风速和温度的表达式;

　　　　X—— 摩尔分数。

A. M. Adamel 等研究空中液体推进剂液滴的蒸发,充分考虑了温度、风速、风向等因素对液滴蒸发的影响。由于火箭弹体二级分离后影响液体推进剂蒸发的主要影响因素与储存环境有较大不同,公式中未考虑湿度对推进剂的影响,故此公式不适用于液体推进剂储存环境的蒸发计算。装备指挥技术学院陈新华教授[3]等建立了液体推进剂在自然环境下的蒸发理论模型,进行了发射场环境中(沙漠条件)四氧化二氮和偏二甲肼推进剂在有土和无土工况下蒸发实验研究,得到了适用于发射场条件下的关于温度、风速的蒸发公式。由于沙漠气候的特殊环境,其对湿度并不敏感,公式也未考虑湿度对蒸发速率的影响。总装备部工程设计研究总院的侯瑞琴高级工程师[4]给出了描述静止空气中的液体推进剂蒸发公式:

$$v = \frac{M_{\mathrm{r}} K A p^{\mathrm{sat}}}{R_{\mathrm{g}} T_{\mathrm{L}}} \tag{5-2}$$

式中　　v—— 液体推进剂蒸发速率;

　　　　M_{r}—— 蒸发物质的相对分子质量;

　　　　A—— 蒸发面积;

　　　　K—— 面积的传质系数;

　　　　p^{sat}—— 液体饱和蒸气压;

　　　　R_{g}—— 理想气体常数;

　　　　T_{L}—— 液体温度。

公式只限于静止空气中的液体蒸发,未考虑风速和相对湿度对液体推进剂蒸发的影响。

　　由以上分析可以看出,上述模型对预测储存条件下的液体推进剂四氧化二氮和偏二甲肼的蒸发速率有一定的局限。根据液体推进剂储存环境条件,建立相应的蒸发速率模型。

　　液体蒸发可以看作是自由对流蒸发与受迫对流蒸发的总和,同时按照事物普遍联系的观点,可以认为在蒸发过程中自由对流与受迫对流是互相联系的。国外很多学者也认为,自由对流与受迫对流之间是互相影响的。因此在液体推进剂蒸发过程中,蒸发与影响因素之间、影响因素与影响因素之间是互相影响的,可将液池面积、风速、环境温度、相对湿度 4 个单因素函数进行非线性组合,作为多因素复合函数[5-6]。令

$$F(A, \gamma, T, H) = f(A)g(\gamma)\Phi(T)\varphi(H)$$

得到液体推进剂蒸发模型为

$$v = kf(A)g(\gamma)\Phi(T)\varphi(H) \tag{5-3}$$

式中　　v—— 蒸发速率,$\mathrm{mg/(cm^2 \cdot min)}$;

　　　　k—— 修正参数;

　　　$f(A)$—— 液池面积对蒸发速率影响的函数;

　　　$g(\gamma)$—— 风速对蒸发速率影响的函数;

　　　$\Phi(T)$—— 环境温度对蒸发速率影响的函数;

　　　$\varphi(H)$—— 相对湿度对蒸发速率影响的函数。

5.3　储库内偏二甲肼蒸发模型的建立

　　由推进剂蒸发动力学特性试验可知,推进剂在储存环境中液池蒸发与环境风速、液池尺寸、温度及湿度有关,表明推进剂的蒸发主要受边界层蒸发控制。数学建模时,可忽略基本蒸发过程的影响,主要考虑风速、液池尺寸、温度和适度等因素的影响。

5.3.1　偏二甲肼蒸发速率单因素影响函数的确定

　　1.风速对偏二甲肼蒸发速率影响函数的确定

　　对 UW 系列实验数据进行处理,得到了在直径为 8.6cm 液池面积中偏二甲肼蒸发速率与风速的关系,如图 5-1 所示。

　　对实验结果进行拟合,得到蒸发速率与风速的关系式为

$$g(\gamma) = 286.5\gamma^{0.553} \tag{5-4}$$

式中　　$g(\gamma)$—— 蒸发速率,$\mathrm{mg/min}$;

　　　　γ—— 风速,$\mathrm{m/s}$。

　　方程的相关系数 $r = 0.999\ 4$。

　　通过对实验结果进行分析,表明偏二甲肼蒸发速率与风速之间符合乘幂的关系,这与许多作者关于风速对其他液体蒸发(水、乙醇、丙醇)的研究是一致的。

　　2.液池面积对偏二甲肼蒸发速率影响函数的确定

　　对 UA 系列实验数据进行处理,得到了偏二甲肼蒸发速率与液池面积的关系,如图5-2 所示。

　　对实验结果进行拟合,得到蒸发速率与面积的关系式为

$$f(A) = 1.237A \tag{5-5}$$

式中　$f(A)$——蒸发速率，mg/min；

$\quad\quad\quad A$——挥发面积，cm²。

方程的相关系数 $r=0.999\,5$。

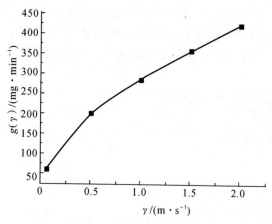

图 5-1　偏二甲肼蒸发速率与风速关系图

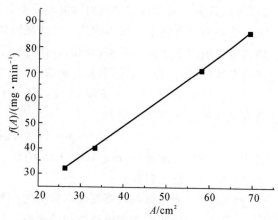

图 5-2　偏二甲肼蒸发速率与液池面积关系图

3. 温度对偏二甲肼蒸发速率影响函数的确定

对 UT 系列实验数据进行处理，得到了偏二甲肼蒸发速率与环境温度的关系，如图 5-3 所示。

对实验结果进行拟合，得到蒸发速率与环境温度的关系式为

$$\Phi(T)=0.112T^2+1.103T+29.73 \tag{5-6}$$

式中　$\Phi(T)$——蒸发速率，mg/min；

$\quad\quad\quad T$——温度，℃；

方程的相关系数 $r=0.997\,9$。

4. 相对湿度对偏二甲肼蒸发速率影响函数的确定

对 UH 系列实验数据进行处理，得到了偏二甲肼蒸发速率与相对湿度的关系，如图 5-4 所示。

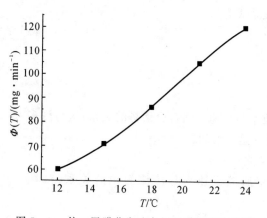

图 5-3　偏二甲肼蒸发速率与环境温度关系图

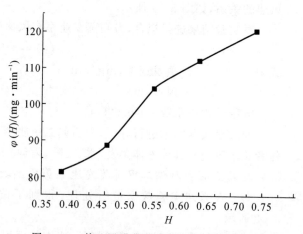

图 5-4　偏二甲肼蒸发速率与相对湿度关系图

对实验结果进行拟合,得到蒸发速率与相对湿度的关系式为

$$\varphi(H) = -117.7H^2 + 259.4H - 1.543 \qquad (5-7)$$

式中　$\varphi(H)$—— 蒸发速率,mg/min;

　　　　H—— 相对湿度。

方程的相关系数 $r = 0.9945$。

5.3.2　偏二甲肼蒸发模型参数的确定

由于上述单因素对蒸发速率的关系式都是基于各系列实验,各系列实验的液池面积等各不相同,因此有必要对单因素关系式进行标准化处理。将标准化后得到单位面积下各因素的蒸发速率关系式代入蒸发模型,得到蒸发模型方程式为

$$v_u = kA\gamma^{0.553}(0.001\,935T^2 + 0.018\,988T + 0.511\,81) \cdot (-2H^2 + 4.46H - 0.026\,5)$$
$$(5-8)$$

式中　v_u—— 偏二甲肼蒸发速率,mg/(cm² · min);

　　　　A—— 挥发面积,cm²;

　　　　γ—— 风速,m/s;

　　　　T—— 温度,℃;

　　　　H—— 相对湿度;

　　　　k—— 待定系数。

将 UW,UA,UT,UH 系列的数据代入式(5-8),可求得多组的 k 值,见表 5-1。

表 5-1　偏二甲肼各系列所对应的 k 值

实验	k 值	实验	k 值
UA 系列实验	$k_1 = 2.4915$	UT 系列实验	$k_{10} = 2.70$
	$k_2 = 2.4980$		$k_{11} = 2.6107$
	$k_3 = 2.4973$		$k_{12} = 2.6591$
	$k_4 = 2.5340$		$k_{13} = 2.7216$
			$k_{14} = 2.6482$
UW 系列实验	$k_5 = 2.5218$	UH 系列实验	$k_{15} = 2.7224$
	$k_6 = 2.6024$		$k_{16} = 2.6033$
	$k_7 = 2.5294$		$k_{17} = 2.7216$
	$k_8 = 2.5161$		$k_{18} = 2.6866$
	$k_9 = 2.5390$		$k_{19} = 2.6666$

结果表明,各系列实验所对应的 k 值在一个较小的区间波,为了使模型达到效果最优化,取这些 k 值的平均值作为公式的特定系数,即

$$k = \frac{1}{19}\sum_{i=1}^{19}k_i \qquad (5-9)$$

经计算得 $k = 2.6036$。

把 k 代入式(5-8),即得到偏二甲肼储存条件下的蒸发模型:

$$v_u = 2.603\ 6A\gamma^{0.553}(0.001\ 935T^2 + 0.018\ 988T + 0.511\ 81) \cdot (-2H^2 + 4.46H - 0.026\ 5)$$

$$(5-10)$$

式中　v_u—— 偏二甲肼蒸发速率,mg/(cm^2 · min);

　　　A—— 挥发面积,cm^2;

　　　γ—— 风速,m/s;

　　　T—— 温度,℃;

　　　H—— 相对湿度。

5.3.3　偏二甲肼蒸发模型的检验

为了检验模型的可靠性,另做 3 组实验,结果见表 5-2。表中每一行对应一组实验,在各自的液池面积、风速、温度以及相对湿度的条件下测得偏二甲肼的蒸发速率。将偏二甲肼蒸发速率的实验值与模型计算值进行比较,并计算蒸发速率绝对误差和相对误差。

表 5-2　偏二甲肼实验值与计算值的比较以及误差计算

序列	面积/cm^2	风速/(m · s^{-1})	温度/℃	相对湿度	实验值/[mg · (cm^2 · min)$^{-1}$]	计算值/[mg · (cm^2 · min)$^{-1}$]	绝对误差	相对误差
1	58.088	0.06	16	0.61	81.2	81.588 8	0.388 8	0.478%
2	58.088	0.06	18	0.46	74	75.688 7	1.688 7	2.282%
3	33.183	0.5	15	0.53	126.5	128.811 1	2.311 1	1.826%

由表 5-2 可知,上面提出的偏二甲肼蒸发模型,对于偏二甲肼蒸发速率,其计算值与实验值比较接近,拟合的误差也较小,表明该模型对储存条件下偏二甲肼蒸发速率的模拟效果较好,能较客观、真实地反映偏二甲肼蒸发情况。

5.4　储库内四氧化二氮蒸发模型的建立

5.4.1　四氧化二氮蒸发速率单因素影响函数的确定

1.风速对四氧化二氮蒸发速率影响函数的确定

对 NW 系列实验数据进行处理,得到了四氧化二氮蒸发速率与风速的关系,如图 5-5 所示。

对实验结果进行拟合,得到蒸发速率与风速的关系式为

$$g(\gamma) = 27.8\gamma^{0.610\ 5} \qquad\qquad (5-11)$$

式中　$g(\gamma)$—— 蒸发速率,mg/(cm^2 · min);

　　　γ—— 风速,m/s。

方程的相关系数 $r = 0.998\ 9$。

通过对实验结果进行分析,表明四氧化二氮蒸发速率与风速之间符合乘幂的关系,这与风

速对偏二甲肼蒸发速率的影响相类似。

2. 液池面积对四氧化二氮蒸发速率影响函数的确定

对 NA 系列实验数据进行处理,得到四氧化二氮蒸发速率与液池面积的关系,如图 5 - 6 所示。

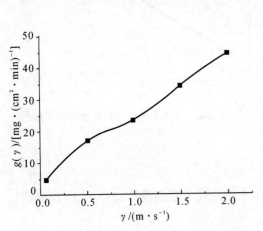

图 5 - 5　四氧化二氮蒸发速率与风速关系图　　　图 5 - 6　四氧化二氮蒸发速率与液池面积关系图

对实验结果进行拟合,得到蒸发速率与液池面积的关系式为

$$f(A) = 5.303A \tag{5-12}$$

式中　$f(A)$——蒸发速率,mg/min；

　　　　A——挥发面积,cm^2。

方程的相关系数 $r = 0.9994$。

3. 温度对四氧化二氮蒸发速率影响函数的确定

对 NT 系列实验数据进行处理,得到了四氧化二氮蒸发速率与环境温度的关系,如图 5 - 7 所示。

对实验结果进行拟合,得到四氧化二氮蒸发速率与环境温度的关系式为

$$\Phi(T) = 0.004207T^2 + 0.228768T + 1.145858 \tag{5-13}$$

式中　$\Phi(T)$——蒸发速率,$mg/(cm^2 \cdot min)$；

　　　　T——温度,℃。

方程的相关系数 $r = 0.9979$。

4. 相对湿度对四氧化二氮蒸发速率影响函数的确定

对 NH 系列实验数据进行处理,得到了四氧化二氮蒸发速率与相对湿度的关系,如图 5 - 8 所示。

对实验结果进行拟合,得到蒸发速率与相对湿度的关系式：

$$\varphi(H) = 4.5H^2 - 1.625H + 4.6079 \tag{5-14}$$

式中　$\varphi(H)$——蒸发速率,$mg/(cm^2 \cdot min)$；

　　　　H——相对湿度。

方程的相关系数 $r = 0.9945$。

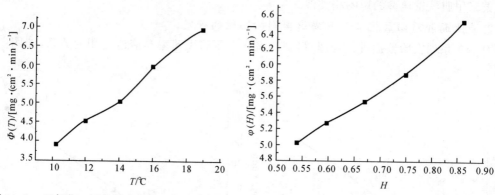

图 5 - 7　四氧化二氮蒸发速率与环境温度关系图　图 5 - 8　四氧化二氮蒸发速率与相对湿度关系图

5.4.2　四氧化二氮蒸发模型参数的确定

将标准化后得到单位面积下各因素的蒸发速率关系式代入蒸发模型式(5-2),得到蒸发模型方程式:

$$v_n = kA\gamma^{0.6105}(0.004\ 207T^2 + 0.228\ 768T + 1.145\ 858) \cdot$$
$$(4.5H^2 - 1.625H + 4.607\ 9) \tag{5-15}$$

式中　k——待定系数;

　　　　v_n——四氧化二氮蒸发速率,mg/(cm² · min);

　　　　A——挥发面积,cm²;

　　　　γ——风速,m/s;

　　　　T——温度,℃;

　　　　H——相对湿度。

将 NW,NA,NT,NH 系列的数据代入式(5-15),可求得多组的 k 值,见表 5-3。

表 5 - 3　四氧化二氮各系列所对应的 k 值

实验	k 值	实验	k 值
NA 系列 实验	$k_1 = 1.0244$	NT 系列 实验	$k_{10} = 1.083\ 3$
	$k_2 = 1.017\ 8$		$k_{11} = 1.096\ 6$
	$k_3 = 1.033\ 9$		$k_{12} = 1.066\ 4$
	$k_4 = 1.033\ 8$		$k_{13} = 1.093\ 7$
			$k_{14} = 1.087\ 8$
NW 系列 实验	$k_5 = 0.963\ 9$	NH 系列 实验	$k_{15} = 1.071\ 0$
	$k_6 = 0.914\ 6$		$k_{16} = 1.079\ 2$
	$k_7 = 0.907\ 8$		$k_{17} = 1.075\ 8$
	$k_8 = 0.934\ 5$		$k_{18} = 1.069\ 4$
	$k_9 = 1.008\ 2$		$k_{19} = 1.075\ 4$

结果表明,k 值在一个小间内浮动,取平均值作为公式的特定系数,即

$$k = \frac{1}{19}\sum_{i=1}^{19} k_i \tag{5-16}$$

经计算 k 为 1.033 6,把 k 代入式(5-15),得到储存条件下四氧化二氮的蒸发模型:

$$v_n = 1.033\,6A\gamma^{0.610\,5}(0.004\,207T^2 + 0.228\,768T + 1.145\,858) \cdot$$
$$(4.5H^2 - 1.625H + 4.607\,9) \tag{5-17}$$

5.4.3　四氧化二氮蒸发模型的检验

为了检验模型的可靠性,另做 3 组实验,结果见表 5-4。表中每一行对应一组实验,在各自的液池面积、风速、温度以及相对湿度的条件下测得四氧化二氮的蒸发速率。将四氧化二氮蒸发速率的实验值与模型计算值进行比较,并计算蒸发速率绝对误差和相对误差。

表 5-4　四氧化二氮实验值与计算值的比较以及误差计算

序列	面积/ cm²	风速/ (m·s⁻¹)	温度/ ℃	相对湿度	实验值/[mg· (cm²·min)⁻¹]	计算值/[mg/ (cm²·min)⁻¹]	绝对误差	相对误差
1	17.396 8	0.06	18.9	0.76	133.33	134.397 1	1.067 1	0.8%
2	13.461	0.5	15	0.51	238.53	249.155 8	10.625 8	4.455%
3	17.396 8	0.06	15	0.51	90.33	88.247 6	2.082 3	2.305%

由表 5-4 可知,上面提出的四氧化二氮蒸发模型,对于四氧化二氮蒸发速率,其计算值与实验值比较接近,拟合的误差也较小,表明该模型对储存条件下四氧化二氮蒸发速率的模拟效果较好,能较客观、真实地反映四氧化二氮蒸发情况。

5.5　推进剂泄漏蒸发速率计算结果分析

根据液体推进剂储存条件,结合液体推进剂蒸发模型,风速、环境温度、湿度、液池面积等影响因素对液体推进剂蒸发速率计算结果分析如下:

风速对液体推进剂蒸发速率的影响比较大,当压强、环境温度、湿度、液池面积一定时,风速增大,液体推进剂表面与大气之间的对流传热与传质作用增强,液体推进剂蒸发速率提高。对于偏二甲肼,风速增大 3 倍,其蒸发速率约增大 1.15 倍;对于四氧化二氮,风速增大 3 倍,其蒸发速率约增大 1.4 倍。因此,控制和调整液体推进剂储库通风条件,对于泄漏推进剂的蒸发速率具有明显的影响。

当风速、环境湿度、液池面积、压强一定时,温度增大,液体推进剂蒸发速率随之增大。对于偏二甲肼,温度从 12℃ 增大到 24℃ 时,其蒸发速率约增大 1 倍;对于四氧化二氮,温度从 10.2℃ 增大到 18.9℃ 时,其蒸发速率约增大 0.78 倍。

当风速、环境温度、液池面积、压强一定时,液体推进剂蒸发速率随湿度增大而提高。对于偏二甲肼,湿度从 38% 增大到 69% 时,其蒸发速率约增大 0.5 倍;对于四氧化二氮,湿度从 54% 增大到 86% 时,其蒸发速率约增大 0.3 倍。

当风速、环境温度、湿度、压强一定时,液体推进剂蒸发速率随液池面积增大而成相应比例

增大,对偏二甲肼和四氧化二氮都是一致的。

由于偏二甲肼和四氧化二氮的本身性质不一样,蒸发速率也大不相同。当风速、环境温度、湿度、压强、液池面积处于相同条件时,四氧化二氮的蒸发速率是偏二甲肼的 4.11 倍左右。

参 考 文 献

[1] 陆雍森.环境评价[M].上海:同济大学出版社,2001.

[2] Adamel A M,et. al. Simulation the Spread of the Rocket Propellant Liquid－droplet Components cloud［C］. International Conference on Methods of Aerophysical Research,2008:1-8.

[3] 陈新华,聂万胜.液体推进剂爆炸危害性评估方法及应用[M].北京:国防工业出版社,2005,39-219.

[4] 侯瑞琴.液体推进剂泄漏时的安全疏散距离[J].清华大学学报:自然科学版,2010,50(6):928-931.

[5] 黄智勇,陈兴,王煊军,等.四氧化二氮推进剂贮存条件下蒸发模型的研究[J].化学推进剂与高分子材料,2011,9(2):6-59.

[6] 黄智勇,罗锋,王煊军,等.储库内偏二甲肼蒸发扩散模型数值模拟[J].科技导报,2011,29(24):67-70.

第6章 液体推进剂泄漏扩散数值模拟

液体推进剂泄漏后在地面上聚集形成液池,由于其较强的蒸发能力,向环境中挥发出有毒有害蒸气,这些蒸气的分布状态直接污染环境和影响人员安全。更为严重的是,偏二甲肼推进剂具有较宽的着火、爆炸浓度极限(2.5%~78.5%(V/V)),当储库空间内偏二甲肼蒸气不能得到及时排放,遇到明火、电火花等火源,极易发生着火、爆炸事故,其后果不堪设想。对液体推进剂气体扩散进行数值模拟,将有助于预测储存环境中泄漏蒸发推进剂气体的浓度分布,确定极易发生着火、爆炸区域,为开展储库安全管理,合理确定专用气体报警设备安装点位,有效开展储库通风设施建设规划,制定事故应急预案提供理论依据。

6.1 液体推进剂泄漏扩散建模的特征

液体推进剂储存、运输中事故泄漏和扩散建模是整个安全研究的一个有机组成部分,是联系假想的设备失效或泄漏机理与实际可能遭受的损害之间的桥梁。事故泄漏和扩散分析为计算危险物的浓度提供了手段,从而为风险的量化提供了依据。

一旦出现泄漏,其危害后果不单与泄漏物的数量、易燃性、毒性有关,而且与泄漏物的相态、压力、温度等状态有关[1]。偏二甲肼为易燃液体,其蒸气燃烧爆炸极限范围大,若遇到点火源将会发生火灾、爆炸。在建立液体推进剂储运泄漏数学模型前,有必要认真分析一下易燃液体泄漏蒸气扩散过程的主要影响因素。影响泄漏扩散基本形式的主要因素有:

(1)泄漏源的情况。其包括泄漏位置,裂孔的形状、尺寸,压力和温度,泄漏形式是连续泄漏或是瞬时泄漏。

(2)泄漏物质的物理化学性质。如分子量、沸点、闪点、密度、蒸气密度、蒸气压、临界温度、黏度等。

(3)环境条件。其包括大气稳定度、风速、风向、气温以及泄漏源周围的地形地貌。大气稳定度表征湍流活动的强弱,支配大气对污染物的稀释扩散能力;大气越稳定,蒸气云越不易向高空消散,而贴近地表扩散,大气越不稳定,空气垂直对流运动越强,蒸气云消散得越快。风向决定蒸气的扩散方向,风速决定泄漏物的扩散速度。大气湿度对蒸气扩散也有影响,通常情况下,湿度大则使蒸气不易扩散;气温或太阳辐射强弱主要是通过影响大气垂直对流运动而对蒸发气体的扩散产生影响。

为了简化计算,在建模之前,对液体推进剂状况进行以下假设[2]:

(1)分析液体推进剂储存泄漏事故时,假设液体推进剂已经在储库储罐中存放,且为长期存放。

(2)分析液体推进剂泄漏后的扩散、燃烧、爆炸等情况时,假设仅氧化剂(N_2O_4)或燃烧剂(UDMH)单独泄漏,所研究的燃烧和爆炸是由泄漏的推进剂导致的。

(3)当推进剂蒸气与空气混合后的密度接近空气密度时,重力下沉与浮力上升作用可以忽略,扩散主要是由空气的湍流决定的,可采用高斯扩散模型。由于高斯模型在其他领域应用得较多,并且已经有专家使用高斯模型分析过液体推进剂的扩散,本书对高斯模型不作介绍。

6.2 数值模拟方法

液体推进剂蒸发后形成的气体在空气中的扩散过程是一种流体运动问题,研究流体运动规律的方法主要有 3 种:理论分析、实验研究和数值模拟[3]。理论分析是基于简单流动模型假设,进而求出某些问题的解析解,仅仅停留在理论的层次,实验研究耗资巨大。相比而言,数值模拟技术能够求解更加复杂的非线性流动问题,流场的模拟结果通常实现可视化,可形象、直观地描述结果[4]。

虽然流体的运动规律满足动量守恒定律、质量守恒定律和能量守恒定律,但是由于流体在运动过程中伴随着巨大形变,使问题求解变得非常复杂。流体运动的控制方程属于非线性的偏微分方程,一般情况下很难求得解析解。因此,运用数值求解液体推进剂气体扩散的问题就变得非常重要,其基础就是计算流体力学。

计算流体力学(CFD)模拟是一种解决流体运动的数值模拟方法。研究者可以根据求解的具体问题直接运用有限元的思想进行仿真计算,不必考虑求解具体偏微分方程,因此可以非常方便地对具体的流体运动过程进行分析、计算和研究[5]。计算流体力学模型是一种三维模型,它通过建立各种条件下的基本守恒方程,包括质量、动量、能量、组分等的守恒方程,结合一些初始条件和边界条件,加上数值计算理论方法,得到反映真实扩散过程中各种场的分布,如流场、温度场、浓度场等,以实现对扩散过程的详细描述。该模型克服了箱及相似模型中辨识和模拟重气云下沉、空气卷吸、气云受热等热物理效应时所遇到的许多问题。其可用于多种泄漏扩散场景,对于地形和气象条件选择性低[6-8]。虽然 CFD 模型计算量大,它却能够精确模拟流场,真实地反映扩散过程,而其计算成本随着计算软、硬件技术的成熟而不断降低,因此受到国、内外的重视。目前,国外一些机构进行了相关的研究开发,而国内在利用 CFD 进行危险性重性气体扩散模拟研究的工作模型复杂化与通用性等方面还有待深入[8-12]。

目前,比较好的 CFD 软件有 FLUENT,CFX,Star - CD 等,FLUENT 软件是目前国内、外使用最多,最流行的商业软件之一,在美国的市场占有率高达 60%。FLUENT 软件广泛应用于跟流体、热传递以及化学反应等有关的工业,包括可压缩与不可压缩流动问题,稳态和瞬态流动问题,湍流、层流、无黏流问题,辐射换热问题,对流换热问题,两相流问题等。FLUENT 稳定性也很好,经过大量算例考核,模拟结果同实验符合较好。此外,FLUENT 精度较传统的 CFD 有较大提高,可达二阶精度。

6.2.1 FLUENT 数学模型

FLUENT 在有毒、有害等危险气体泄漏扩散方面有很多成功的应用实例,主要包括各种污染物的数值模拟、化学实验烟羽轨迹跟踪以及电厂冷却塔烟羽扩散模式研究等。此外,FLUENT 可用于脉冲袋式除尘器、工业污染有毒气体排放、高炉设备等过程和设备的模拟等[13-15]。因此,选用 FLUENT 用于液体推进剂气体扩散的模拟。

1.FLUENT 求解问题的思路及基本步骤

根据 FLUENT 软件的基本功能模块,利用 FLUENT 求解问题大体上可以分为 3 个部分,如图 6 - 1 所示。

图 6-1　FLUENT 求解问题的思路

其中,GAMBIT 前处理是对所建物理模型进行几何建模并划分网格的过程;FLUENT 求解包括网格读取、基本条件设置、迭代求解等;结果后处理主要用各种图形(必要时亦可用数据)形象、直观地表示出求解所得的结果。具体的求解步骤如图 6-2 所示。

在图 6-2 的 FLUENT 求解问题的基本步骤中,有些步骤非常关键,直接决定了模拟结果的真实性和可靠性,因此有必要对其中的几个关键步骤进行详细分析。

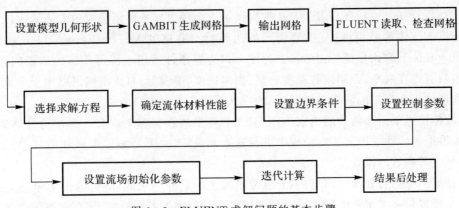

图 6-2　FLUENT 求解问题的基本步骤

(1)建立几何结构和生成网格。首先是建立模拟对象,FLUENT 自带的前处理软件 GAMBIT 把实际的模拟对象转变为能让 FLUENT 识别的模型。GAMBIT 软件拥有全面的几何建模能力以及功能强大的网格划分工具,提供的非结构网格生成程序,对复杂的几何结构生成非常有效,可以生成的网格包括三维的四面体、六面体以及混合网格等。对于模型中进口处、出口处、污染物排放点等需要较高精度的计算区域,GAMBIT 可以对该区域网格进行加密处理,这样既可得到较高的精度又能节约计算时间。

网格生成技术是 FLUENT 发展的一个非常重要的分支,在数值模拟技术高度发达的美国,网格生成所需要的时间大致占计算任务全部时间的 60%。

(2)选择求解方程。首先是求解方法的选择。FLUENT 提供了 3 种不同的方法:分离算法、耦合隐式算法、耦合显式算法。耦合算法和分离算法的本质区别在于连续方程、能量方程、动量方程和传质方程的求解方式。对于不可压缩或低马赫式压缩性流体的流动问题宜用分离算法求解,高速可压流动问题需要用耦合算法求解。

其次是湍流模型的选择。FLUENT 基于模型群的设计思想,包含了几乎所有成熟的湍流模型。第一类是大涡模拟,大涡模拟把湍流分成大尺度和小尺度两种类型,通过求解经过修正的三维 Navier - Stokes 方程,得到大涡旋的运动特性,可以模拟湍流发展过程的一些细节,但计算工作量大。目前,工程上常用的模拟方法仍是由雷诺时均方程出发的模拟方法,包括单方程模型、双方程模型、雷诺应力模型等。在实际求解中,模型的选择要根据具体问题的特点来决定,选择的原则是精度高,应用简单,计算时间尽量短,同时也具有通用性。

最后是附加模型的选择。对于液体推进剂气体泄漏扩散而言,附加模型主要是用来描述推进剂气体扩散过程的传质模型,FLUENT 中包含的质量传递、化学模块可以用来模拟液体推进剂气体的扩散过程。对于不包含化学反应(液体推进剂气体在空气中的化学反应很缓慢,予以忽略)的传质过程,只需在 FLUENT 中定义液体推进剂气体的泄漏蒸发源,并给出液体推进剂气体的蒸发速率,以及液体推进剂气体在各计算边界层处的处理方法即可。FLUENT 能够根据各出、入口设定的相关参数,耦合基本方程(湍流方程)与附加方程(求解方程),求解得到液体推进剂气体浓度的空间分布。

2. FLUENT 求解过程的几个关键问题

除了上述步骤外,在 FLUENT 求解液体推进剂气体泄漏扩散模拟的过程中,还有几个关键的问题。

(1)边界条件的设定。FLUENT 软件提供了十余种边界条件用于描述流体的入口、出口。在液体推进剂气体扩散模拟中,主要用到的边界类型有速度入口(velocity inlet)、质量入口(mass flow inlet)、自由出流(ouflow)。速度入口边界条件适用于不可压缩的流动问题,需要输入的参数有速度大小、方向或各速度分量、周向速度、静温等;自由出流可以用于出流边界上的压力和速度均为未知的情形,这类边界的特点不需要给定出口条件。

(2)液体推进剂流体物性的确定。FLUENT 自带的数据库中含有一些常见气体的物性,对于液体推进剂的性质则需要在面板中进行建立和设定,主要是偏二甲肼和四氧化二氮蒸气的密度、黏度等参数的设置。

(3)计算结果的后处理。FLUENT 自带了强大的后处理功能,既可输出形象直观的各类矢量图,又能提供文字报告的数据。对于液体推进剂气体扩散的模拟,储存空间各位置的浓度分布可以用浓度等值线图表示,模拟结果一目了然,易于辨识。对于单个具体点的浓度值,可以用文字报告功能输出。此功能对于液体推进剂气体泄漏扩散的数值模拟尤为关键,利用该功能可将数值模拟结果与其他理论气体扩散模型进行对比,校验模拟结果的优劣。

此外,还应特别注意初始化流场的设置,初始流场的各组分含量的设定直接影响模拟计算结果的准确性。

6.2.2 FLUENT 求解

1. 气体扩散的力学假设

通常重气的输送与扩散发生在大气边界层内,尤其是靠近地面的底层,因为绝大多数发生在边界层中的物理过程都是通过湍流输送来实现的,湍流问题成为大气边界层研究的核心问题,许多气体扩散模型即建立在湍流模型基础之上。

危险气体在瞬间释放以后形成的气云运动规律满足一般 Navior - Stocks 方程所描述的流体力学基本方程组,由于在低层大气中风速约为 10m/s 的量级,比声速小得多,这样可以把空气质点的平均运动看作是不可压缩流体的运动[16]。在模拟之前进行以下假设:

(1)考虑到大气边界层中大气的湍流性质,在计算时忽略空气黏性的影响。

(2)假定湍流量在空间和时间内都是随机的,具有统计规律性。

(3)根据 Boussinesq 假设,使用湍流黏性系数 μ_t 来表征大气的湍流性质。

(4)假设大气条件为中性,即不考虑大气稳定度的影响,忽略推进剂气体与空气的温度差异。

2. 基本控制方程

气体扩散的基本控制方程可用一般形式表示[17-18]为

$$\frac{\partial}{\partial t}(\rho\varphi) + \mathrm{div}(\rho U\varphi - \Gamma_{\varphi}\mathrm{grad}\varphi) = S_{\varphi} \qquad (6-1)$$

式中　ρ——密度,$\mathrm{kg/m^3}$;

φ——不同的流体特征,如质量通量、速度分量、能量和浓度等;

S_{φ}——单位体积源项;

U——速度,$\mathrm{m/s}$;

Γ_{φ}——φ 的有效交换系数,$\mathrm{kg/(m \cdot s)}$。

3. 湍流模型

在气体扩散领域应用最多的湍流模型是 k-ε 模型,标准 k-ε 模型是个半经验公式,主要是基于湍流动能和扩散率。k 方程是个精确方程,ε 方程是个由经验公式导出的方程。应用了 k-ε 模型后,基本守恒方程可展开为一组封闭方程。此方程组包含连续性方程、动量守恒方程、能量守恒方程、组分质量守恒方程、湍流动能方程和耗散率方程。基于上述假设,这些方程可以用以下形式表示:

连续方程为

$$\frac{\partial\rho}{\partial t} + \frac{\partial(\rho u_i)}{\partial x_i} = 0 \qquad (6-2)$$

动量方程为

$$\frac{\partial}{\partial t}(\rho u_i) + \frac{\partial}{\partial x_j}(\rho u_i u_j) = -\frac{\partial p'}{\partial x_i} + \frac{\partial}{\partial t}\left(u_{\mathrm{eff}}\frac{\partial u_j}{\partial x_i}\right) + g_i(\rho_0 - \rho) \qquad (6-3)$$

p' 可表示为

$$p' = p + \frac{2}{3}\rho k \qquad (6-4)$$

有效湍流动力黏度 μ_{eff} 为

$$\mu_{\mathrm{eff}} = \mu + \mu_{\mathrm{t}} \qquad (6-5)$$

k-ε 模型假设湍动黏度 μ_{t} 与湍动能 k 和湍流耗散率 ε 的关系为

$$\mu_{\mathrm{t}} = \frac{C_{\mu}\rho k^2}{\varepsilon} \qquad (6-6)$$

式中　u_i——i 方向速度标量,$\mathrm{m/s}$;

g_i——i 方向流体微元重力体积力,$\mathrm{kg/(m^2 \cdot s^2)}$;

p'——修正后微元所受压力,$\mathrm{kg/(m \cdot s^2)}$;

p——流体单元所受压力,$\mathrm{kg/(m \cdot s^2)}$;

k——湍流能,$\mathrm{m^2/s^2}$;

ε——湍流耗散率;

μ——动力黏度,$\mathrm{kg/(m \cdot s)}$;

μ_{t}——湍动黏度,$\mathrm{kg/(m \cdot s)}$;

C_{μ}——经验常数,模型参数中取 0.09。

湍动能 k 与耗散率 ε 可以用下述偏微分方程求解:

$$\frac{\partial\rho k}{\partial t} + \frac{\partial(\rho k u_i)}{\partial x_i} = \frac{\partial}{\partial x_j}\left[\left(\mu + \frac{\mu_{\mathrm{t}}}{\sigma_k}\right)\frac{\partial k}{\partial x_j}\right] + G_k + G_b - \rho\varepsilon \qquad (6-7)$$

$$\frac{\partial \rho \varepsilon}{\partial t} + \frac{\partial (\rho \varepsilon u_i)}{\partial x_i} = \frac{\partial}{\partial x_j}\left[\left(\mu + \frac{\mu_t}{\sigma_\varepsilon}\right)\frac{\partial \varepsilon}{\partial x_j}\right] + C_{1\varepsilon}\frac{\varepsilon}{k}(G_k + C_{3\varepsilon}G_b) - C_{2\varepsilon}\rho\frac{\varepsilon^2}{k} \qquad (6-8)$$

φ 可以表示动量方程中的速度,能量方程中的温度,湍流动能方程中的湍动能,湍动能耗散方程中的耗散率以及污染物输运方程中的质量组分等,为了方便比较分析 Γ_φ 和 S_φ 随 φ 的变化关系,对基本控制方程进行总结,见表 6-1,其中参数取值可参考文献[19-20]。

表 6-1 $\varphi, \Gamma_\varphi, S_\varphi$ 参数表

φ	Γ_φ	S_φ
1	0	0
速度 u_i	$\mu_{\text{eff}} = \mu + \mu_t$	$-\frac{\partial p'}{\partial x_i} + \frac{\partial}{\partial t}\left(u_{\text{eff}}\frac{\partial u_j}{\partial x_i}\right) + g_i(\rho_0 - \rho)$
温度 T	$\frac{\mu}{Pr} + \frac{\mu_t}{Pr_t}$	$S_\varphi T$
湍动能 k	$\mu + \frac{\mu_t}{\sigma_k}$	$G + G_b - \rho\varepsilon$
耗散率 ε	$\mu + \frac{\mu_t}{\sigma_\varepsilon}$	$C_{1\varepsilon}\frac{\varepsilon}{k}(G_k + C_{3\varepsilon}G_b) - C_{2\varepsilon}\rho\frac{\varepsilon^2}{k}$
质量组分 m_i	$\frac{\mu}{Sc} + \frac{\mu_t}{Sc_t}$	Sc

式中　　Pr——分子普朗特数,$Pr = c\mu/\lambda$;

　　　　λ——热传导系数;

　　　　c——比热容;

　　　　Pr_t——湍流普朗特数,0.85;

　　　　Sc——分子施密特数,$Sc = \mu/(\rho D_{i,m})$;

　　　　$D_{i,m}$——质量扩散系数;

　　　　Sc_t——湍流施密特数,0.7;

$C_{1\varepsilon}, C_{2\varepsilon}, C_{3\varepsilon}$——均为经验常数,且 $C_{1\varepsilon} = C_{3\varepsilon} = 1.44, C_{2\varepsilon} = 1.92$;

　　　　σ_k——湍动能 k 对应的普朗特数,1.0;

　　　　σ_ε——湍流扩散率 ε 对应的普朗特数,1.3;

　　　　G_b——浮力引起的湍动能的产生项;

　　　　G_k——平均速度梯度湍动能的产生项。

$$G_b = -g_i\frac{\partial \rho}{\partial x_i}\frac{\mu_t}{Pr_t}, \quad G_k = \mu_t\frac{\partial u_i}{\partial x_j}\left(\frac{\partial u_i}{\partial x_j} + \frac{\partial u_j}{\partial x_i}\right)$$

6.3　液体推进剂储罐孔洞泄漏模拟

在常规液体推进剂储存中,会因腐蚀、外力等原因发生孔洞泄漏,导致推进剂损失、环境污染,甚至可能会发生燃烧、爆炸事故,造成严重的后果。因此研究储罐孔洞泄漏的规律,对安全评价、事故处理等有一定的现实意义。本节运用 GAMBIT 软件建立储罐泄漏二维的模型,并进行网格划分,运用 FUNENT 软件内置的 VOF 模型和标准 k-ε 湍流模型对储罐孔洞泄漏进行数值模拟,研究泄漏孔位于液面下方时,液体推进剂泄漏后的压力、速度分布情况,分析不同压力、不同孔径、不同高度、不同液体推进剂时泄漏孔处的速度分布。

6.3.1　多相自由界面模型及选择

在液体推进剂储罐孔洞泄漏过程中，推进剂与空气之间互不相溶，两者之间存在自由界面。使用数值方法处理自由界面时，要引入特殊的方法来定义自由界面的位置、运动以及对流体流动的影响[21]。不管用什么方法，都必须要有以下 3 个重要组成部分：

(1)描述自由界面的形状和位置的特殊方法。

(2)解决自由界面随时间迁移的特殊算法。

(3)给定自由边界上的边界条件。

目前，解决自由界面问题的方法主要有拉格朗日网格法(LGM)、刚盖假定法、界面标高法(SHM)、示踪粒子法(MAC)、Volume‐of‐Fluid(VOF)方法等，现在简单介绍这几种方法的基本原理及特点。

(1)拉格朗日法。拉格朗日法[22]是用拉格朗日网格描述自由界面，它用来追踪和定义随流体流动的自由界面，很多有限元方法采用的都是这种方法。网格和流体一起运动，使网格可以自动追踪自由界面的运动。在自由界面处，要引用正确的边界条件来修正方程，且必须指出流体只存在于自由界面的一侧，否则，会产生错误的结果。因此，该方法不能追踪自由界面破碎以及相交的情况，使得 LGM 的使用有所限制。当模拟自由界面较大幅度运动时，须使用重新划分网格技术才能得到准确的结果[23]。

(2)刚盖假定法。假定在自由液面存在不变形的刚盖，使得自由液面不再随时间变化，进而可以进行网格剖分和计算。这一假定已经改变了流体的运动条件，流体的运动难以得到准确的描述。因其形式简单，且对自由液面位置变化不大的情况能够得到满意的结果，所以得到了比较广泛的应用。鉴于目前计算方法在时间、空间上均是离散的，没有必要连续追踪自由液面的变动，只需给出计算时刻的结果即可。如此，在一定时段内假定刚盖仍然可行，在下一时段内，自由液面位置变化，刚盖位置也跟着变化，调整网格后，仍可进行计算。如何快速有效地调整网格、连续假定造成的累积误差能否接受、是否要调整控制方程组以及计算是否"经济"等仍需研究[24]。

(3)界面标高法。界面标高法用来解决自由界面起伏不是很大的问题[25]，自由界面用 H_e 来描述。其方程如下：

$$\frac{\partial H_e}{\partial t} + u\frac{\partial H_e}{\partial x} + v\frac{\partial H_e}{\partial y} + w\frac{\partial H_e}{\partial z} = 0 \qquad (6-9)$$

其中，u,v,w 分别为流体速度在 x,y,z 方向上的分量。方程可以用来描述自由界面的运动情况。界面标高法只存储自由界面的标高，因而可以节省大量内存，但其只适用于水平方向上自由界面变化不大的情况，自由界面弯曲、变形幅度较大时尚不能得到正确结果，从而限制了界面标高法的应用。

(4)示踪粒子法。示踪粒子法最早是用来解决自由界面瞬态流动情况的方法[25]。其基本思想为根据流体流动的示踪粒子的位置标记含有流体的网格。计算时，示踪粒子仅起标记作用。网格有示踪粒子就有流体，不然就是空网格。与空网格相邻的标记网格为自由边界网格，标记点位置随网格点速度移动。在边界网格中，用插值计算自由边界的位置，产生新的自由边界。自由边界的边界条件是界面无剪切应力。此方法的优点为追踪流体体积而不直接追踪自由界面,因而可以解决自由界面生成、消失的问题,不足之处为要占用大量的内存来存储示踪粒子的信息,且计算时间很长。

(5)VOF 模型。VOF 模型是一种在固定的欧拉网格下的表面跟踪方法,可用于求解多种互不相溶的流体交界面。在此模型中,不同流体共用一套动量方程,计算时在所有单元内记录各流体组分的体积率。其原理[26-28] 是通过流体体积函数 $F(x,y,z,t)$ 来构造和追踪流体自由表面的变化,而不是追踪自由液面上质点的运动,以此确定自由面,该函数定义为

$$F(x,y,z,t) = \begin{cases} 1, & \text{推进剂单元} \\ 0 \sim 1, & \text{自由表面单元} \\ 0, & \text{气体单元} \end{cases} \quad (6-10)$$

$F(x,y,z,t)$ 应满足输运方程:

$$\frac{\mathrm{d}F(x,y,z,t)}{\mathrm{d}t} = \frac{\partial F(x,y,z,t)}{\partial t} + (\boldsymbol{V} \cdot \nabla)F(x,y,z,t) = 0 \quad (6-11)$$

式中:x,y,z 为广义笛卡儿坐标;t 表示时间;$\boldsymbol{V}$ 为速度矢量。

VOF 方法可用于不可压缩和可压缩性不大的流体,流场满足 N-S 方程和连续性方程。VOF 方法具有示踪粒子法和体积追踪的特点,且不用占用较大的内存,节省运算时间。VOF 方法追踪流体体积而非自由界面,因此能够解决自由界面变化幅度较大的问题。基于上述特点,选择 VOF 方法进行计算。

6.3.2　模型的建立及边界条件设置

依据实际情况,进行适当的假设简化,建立适合 FLUENT 计算的物理模型,进行相应的参数设置及模型选择。考虑到储罐及储库模型较大,且主要研究泄漏区域流场,为减少计算量,在不影响计算结果和分析的前提下,采用二维建模。

1. 物理模型的建立

所采用的储罐模型底面直径为 2.6 m,高为 10 m,充装系数为 0.9,泄漏孔洞为圆形,内部有 0.02~0.05 MPa 的充压保护,外界大气压强为 101 325 Pa,温度为 293 K。计算时,分别取不同泄漏孔直径和高度。网格划分时,全部采用四边形结构网格,对泄漏孔附近进行局部加密。模型及网格划分如图 6-3 所示。

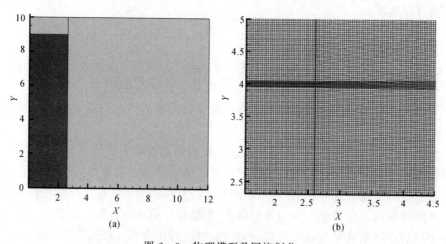

图 6-3　物理模型及网格划分

(a)物理模型；　(b)局部网格加密

由于储罐液体泄漏属于两相流问题,在气、液之间存在明显的相界面[29],使难度增加,因此在分析计算时,做以下假设:

(1)认为气、液不互溶,且存在自由界面;

(2)假定泄漏流动过程为瞬态湍流;

(3)假设整个泄漏过程为绝热过程,不考虑相间的热量交换;

(4)模拟计算过程不考虑推进剂的蒸发。

2.边界条件设置

本章计算模拟属于非定常不可压黏性流动,且计算时须考虑推进剂的表面张力。计算中涉及流体控制方程,采用非合、压力速度耦合的 PISO 算法,两相流自由界面选择 VOF 模型,湍流模型选择标准 $k-\varepsilon$ 模型进行数值求解。另外,液体推进剂的所有的流动都是在重力和压力差的作用下进行的。边界条件及相关设置步骤如图6-4所示。

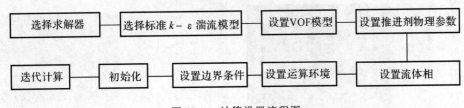

图 6-4　计算设置流程图

边界条件设置如下:

(1)入口边界条件取 pressure - inlet,保持恒定压力。湍流定义方法中选择"湍流强度和水力直径";

(2)出口边界条件取 pressure - outlet,由于泄漏孔和大气相通,因此出口压力设置为大气压;

(3)壁面,采用标准函数法对壁面附近进行处理,即设置为无滑边界。

6.3.3　数值模拟及分析

本节所取存储介质为偏二甲肼,泄漏孔高度为 4 m,泄漏孔直径为 0.1 m,储罐内部充气压力为 0.05 MPa 进行迭代计算,分析泄漏到不同液位(7.9 m,6.8 m,5.7 m,4.2 m)时的压力场、速度场分布。

1.压力场分布研究

从静压和动压两个方面进行分析,如图 6-5、图 6-6 所示分别为不同液位时静压和动压分布图。

(1)静压分布。理论分析可知,静压大小与储罐内部压力、液位以及介质密度有关,计算得 4 个液位下的最大静压分别为111 689 Pa,103 100 Pa,94 510 Pa,82 797 Pa,与图 6-5 中最大静压基本一致,同时可以看出,静压分布也符合静压计算公式,液位越高静压越大,储罐底部承受的压力越大,因此可以适当考虑改善存储环境,降低液位或者改为卧罐储存,使储罐底部静压降低,能够增加储存的安全性、延长储罐的使用寿命。

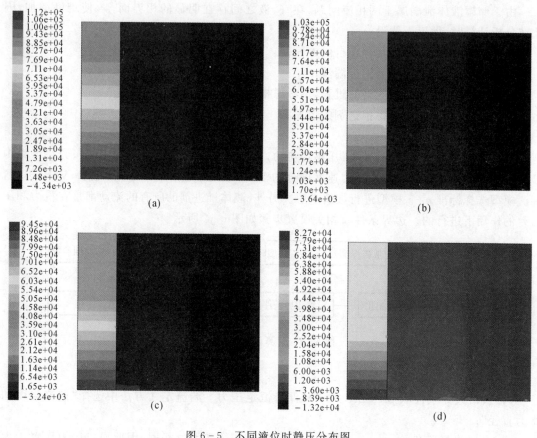

图 6-5　不同液位时静压分布图

(a)$h=7.9$ m；　(b)$h=6.8$m；　(c)$h=5.7$ m；　(d)$h=4.2$m

（2）动压分布。由图 6-6 可以看出，动压随着液位的下降而逐渐减小。由于动压和流体流速的平方成正比，因此动压大小的变化也就反应了流体动能的变化。这说明随着泄漏时间的增加，储罐的液位逐渐的降低，推进剂的势能也相应的降低，从而势能转化的动能变小，动能变化表现为速度大小的变化，从速度分布图中能够更清楚的看出。

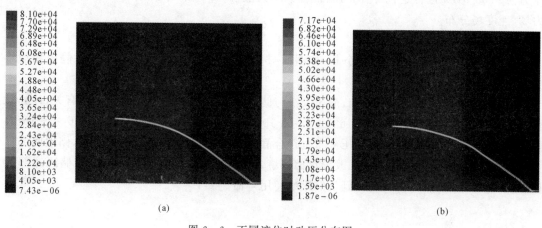

图 6-6　不同液位时动压分布图

(a)$h=7.9$ m；　(b)$h=6.8$m；

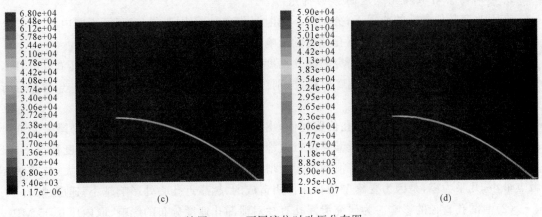

续图 6-6　不同液位时动压分布图

(c)h=5.7 m；　(d)h=4.2m

2.速度场分布研究

图 6-7 所示为不同液位时速度场分布图。从图 6-7(a)(b)(c)可以看出,液位越高,速度越大;图 6-7(d)速度明显变高,是由于液位接近泄漏孔,有部分气体从泄漏孔流出。推进剂离开储罐后,随着重力势能不断转化为动能,其速度也逐渐变大,接触到地面时,会溅到更远的方向,在设立防液堤时,应该考虑到这一点。同时还可以看出,储罐内部液体下降速度很小,这是因为泄漏孔面积与储罐截面比太小,使得储罐内的液位下降的很缓慢。

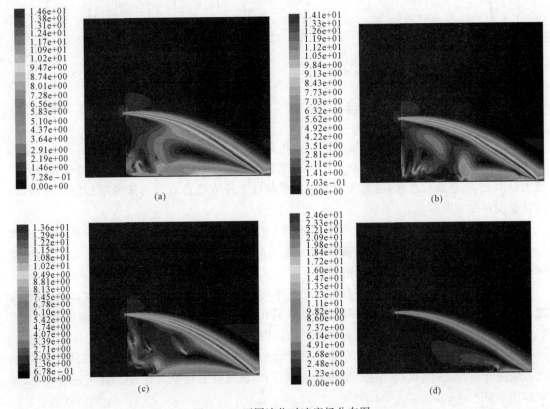

图 6-7　不同液位时速度场分布图

(a)h=7.9 m；　(b)h=6.8 m；　(c)h=5.7 m；　(d)h=4.2 m

3. 不同因素对泄漏孔速度的影响研究

在不改变其他参数的前提下,分别取不同泄漏孔高度、不同泄漏孔直径、不同内压、不同介质进行分析,研究这些因素对泄漏孔速度的影响。

(1)泄漏孔高度的影响。为研究泄漏孔高度对泄漏孔速度分布的影响,取内压 0.05 MPa,泄漏孔直径 0.1 m,泄漏介质为偏二甲肼,分别对泄漏孔高度为 1 m,3 m,5 m,7 m 情况进行计算,得出如图 6-8 所示的数据。

从图 6-8 中可以看出,泄漏孔位置越低,出口速度越大。故可将立罐改成卧罐来降低泄漏孔可能的相对高度,进而降低泄漏速度以及泄漏量。同时可以看出,在不同高度情况下,泄漏速度均呈一定的弧形分布,沿着泄漏孔半径增加方向逐渐降低,孔心点速度最大,与罐壁接触点最小,几乎为零,是因为受罐壁的黏滞作用造成的,越靠近孔心处影响越小,速度越大。

(2)泄漏孔直径的影响。为研究泄漏孔直径对泄漏孔速度分布的影响,取内压 0.05 MPa,泄漏孔高度 1 m,泄漏介质为偏二甲肼,分别对泄漏孔直径为 0.02 m,0.05 m,0.1 m 情况进行计算,得出如图 6-9 所示的数据。

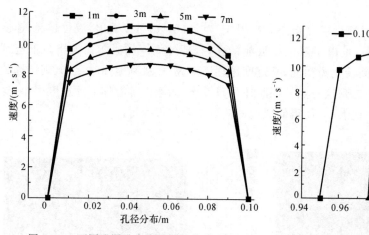

图 6-8　不同泄漏孔高度泄漏孔速度分布

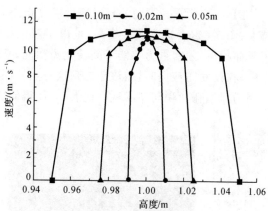

图 6-9　不同泄漏孔直径泄漏孔速度分布

从图 6-9 可以看出,同一高度不同泄漏孔直径,泄漏孔速度分布也有所区别,且在泄漏孔直径较小的前提下,孔径越小,泄漏孔孔心速度越低,因其距离罐壁距离越小,受罐壁黏滞作用越大。因此,在事故处理时,应想方设法降低泄漏孔直径或设置有效的障碍增加黏滞作用,以降低泄漏速度和泄漏量。

(3)内压的影响。为研究储罐内压对泄漏孔速度分布的影响,取泄漏孔直径 0.1 m、高度 1 m,泄漏介质为偏二甲肼,分别对储罐内压为 0.02 MPa,0.03 MPa,0.04 MPa,0.05 MPa 情况进行计算,得出如图 6-10 所示的数据。

从图 6-10 可以看出,速度分布与前面基本相同,且内压越大,泄漏速度越大,与泄漏孔位置高低产生静压高低的效果基本相同,都是泄漏孔处内、外压差变化,引起泄漏速度变化。当发生泄漏事故时,可以采取泄压的方式降低储罐内压,进而使得泄漏速度减小。

(4)存储介质的影响。为研究存储介质对泄漏孔速度分布的影响,分别取偏二甲肼和四氧化二氮为介质,在内压 0.05 MPa,泄漏孔高度 1 m,泄漏孔直径 0.1 m 的条件下进行计算,结果如图 6-11 所示。

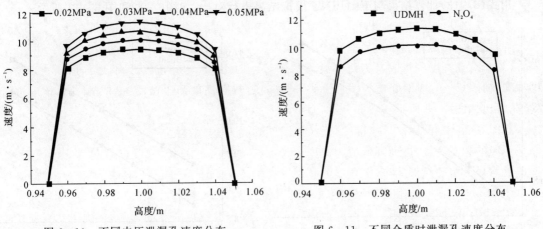

图 6-10　不同内压泄漏孔速度分布　　　　图 6-11　不同介质时泄漏孔速度分布

从图 6-11 可以看出,相同条件下,偏二甲肼的泄漏速度要大于四氧化二氮,原因是液体四氧化二氮密度较大,泄漏速度与密度成反比关系,其他条件相同时密度越大,泄漏速度越小。

6.3.4　数值模拟结果验证

液体推进剂通过储罐上孔洞泄漏,其泄漏质量速率可根据以下公式[30]计算,有

$$Q_0 = C_d A \rho \sqrt{\frac{2(P_1 - P_0)}{\rho} + 2gh} \tag{6-12}$$

式中　Q_0——推进剂泄漏质量速率,kg/s;

C_d——液体泄漏系数,由表 6-2 查得;

A——泄漏孔面积,m^2;

ρ——液体推进剂密度,kg/m^3;

P_1——储罐内压,Pa;

P_0——环境压力,Pa;

g——重力加速度,取 9.8 m/s^2;

h——泄漏孔到液面的距离,m。

表 6-2　泄漏系数 C_d

雷诺数(Re)	裂口形状		
	圆形(多边形)	三角形	长方形
> 100	0.65	0.60	0.55
≤ 100	0.50	0.45	0.40

由式(6-12)可以推导出推进剂泄漏速度为

$$V = C_d \sqrt{\frac{2(P_1 - P_0)}{\rho} + 2gh} \tag{6-13}$$

式中,V 为推进剂泄漏速度,m/s。

用式(6-13)计算结果与FLUENT模拟结果进行对比,如图6-12和图6-13所示。

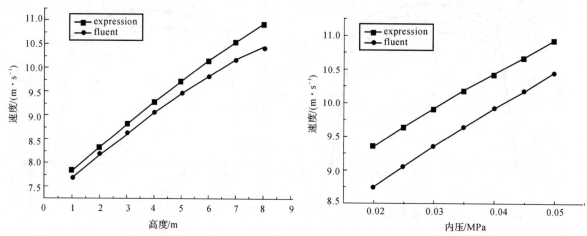

图 6-12　速度与泄漏孔到液面距离曲线关系图　　　图 6-13　速度内压曲线关系图

从图中可以看出,模拟结果与经验公式计算结果变化趋势均相同,且前者最大误差为6.46%,后者最大误差为4.4%,均为合理范围,可以说明模拟结果的正确性。二者存在一定的误差,分析如下:

(1)模型误差。在模型的建立中,由于没有充分考虑实际模型各部件的壁面粗糙度以及忽略了储罐的壁厚。这些都可能引起流场的变化以及模拟结果与经验公式结果的误差;同时经验公式也存在一定的模型误差。

(2)离散误差。在进行数值模拟时,对数学模型进行离散化。网格的多少,完全根据模拟的经验进行划分;同时选取不同差分方程,会引起截断误差,这些都为离散误差。

(3)舍入误差。在计算机的模拟计算中,选取离散后的代数方程组的求解方法和迭代次数都会引起误差,同时由于计算机只能存储计算的有限位物理量,对余下部分进行舍去,从而产生舍入误差。舍入误差随着迭代次数的增加而增大,一般认为离散误差随网格变细而减小,但是随着网格的变细,离散点数就会增多,同时舍入误差也随之加大。

通过上述分析,可得出下述结论:

(1)储罐发生孔洞泄漏后,储罐内静压以及泄漏推进剂动压均随储罐内液位的下降而减小;泄漏速度随储罐内液位、孔径、内压的减小而减小,随存储介质的密度增大而减小。

(2)泄漏发生后,可采取降低液位高度、减小孔径或设置有效的孔口障碍、泄压等措施降低泄漏速度,进而降低事故严重程度。

(3)通过对比模拟结果与经验公式,证明本研究方法可行,可为事故应急处理以及安全评价提供一定的理论依据和方法。

6.4　储库内四氧化二氮渗漏闪蒸扩散模拟

储库内环境温度高于液体四氧化二氮沸点21.5℃时,渗漏出的四氧化二氮会发生闪蒸。当环境压力突然降低到初始温度对应的饱和压力以下时,液体由最初的平衡状态变成过热状态,当压力下降过快时,液体不能全部以显热的方式来释放能量,而是通过快速蒸发以释放潜热,这一过程称为闪蒸[31]。液体推进剂单剂试储实验表明,尽管管理人员采取各种措施来控制环境温度,但是每年总有一段时间储库环境温度会高于四氧化二氮推进剂的沸点温度,有时高达 25℃。这时如果储罐渗漏,四氧化二氮会发生闪蒸现象而生成二氧化氮。为研究闪蒸二氧化氮在储库内的扩散过程及时空分布,建立相应的物理模型,采用流体力学软件 FLUENT 对闪蒸四氧化二氮扩散进行数值模拟,并研究闪蒸时间、闪蒸量以及排风等因素对二氧化氮浓度时空分布的影响。

6.4.1　建立计算模型

1. 物理建模

以四氧化二氮推进剂储库为背景,适当简化后建立如下模型:长×宽×高＝9 m×3.2 m×2.6 m,储库内有两个直径 2.6 m、高1.2 m的拱顶储罐,两个竖罐上方有一根直径为0.3 m的加注(转注)管道,一侧库壁有一个 0.4 m×0.4 m 的正方形排风口,下沿距离地面0.5 m,左沿距左侧壁0.05 m,与之对应的储库墙壁有一直径 0.3 m 的进风口,中心距地面1.95 m,距右壁 0.5 m。储库内环境压强为 101 325 Pa,温度为 298 K。假设在储罐 X 正向轴线、距离地面 0.5 m 处罐壁有一直径 0.04 m 的圆形区域发生渗漏,储库物理模型及其网格划分如图6-14 所示。

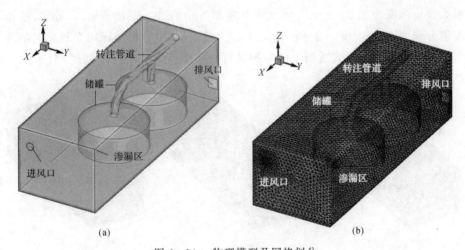

图 6-14　物理模型及网格划分

2. 网格划分

网格是 CFD 模型的几何表达形式,也是模拟与分析的载体。网格质量对于数值计算精度和效率有重要的影响[18]。网格划分主要考虑网格步长及网格的均匀性,其对计算结果有较大影响。通常要求的计算精度越高,网格划分要越密,但过细密的网格会大大增加计算机的运算量。网格越均匀,收敛速度越快,数值稳定性越好。网格分为结构网格和非结构网格两大类。在结构网格中,节点排列有序、临点间关系明确。在非结构网格中,节点的位置无法用一个固定的法则予以有序的命名,生成过程比较复杂,但有着极好的适应性。

为了能够真实地反映二氧化氮气体在储库内的分布,采用三维建模,并忽略储库细微结构等的影响。本节采取非结构化网格进行划分,并对闪蒸区域、进风口、排风口进行局部加密,如图 6-14(b)所示。

3.边界条件设置

在模拟计算中做以下假设：

(1)储库内的空气作为不可压缩流体处理,呈湍流状态；

(2)空气和二氧化氮的混合气体视作理想气体,遵循理想气体状态方程,在流动过程中不发生化学反应；

(3)假设环境温度为常温,进风温度与储库内温度相同,与外界无热量交换；

(4)假设在扩散过程中闪蒸速率不变。

基于上述假设,计算时采用标准 $k-\varepsilon$ 湍流模型。在边界条件中,入口采用质量入口,壁面采用标准壁面函数,其他边界设置如6.2节所述。组分影响采用化学组分输运模型。

6.4.2 无机械排风情况下,四氧化二氮的扩散模拟

现在对储库内无机械排风时,四氧化二氮闪蒸后在储库内的扩散情况进行分析。因推进剂储库的排风设施为机械排风、负压进风[32],进风口为单向入口,因此无机械排风时,进风口边界条件设置为 Wall；入口设置为质量入口,0.001 kg/s；排风口为压力出口,设置为一个大气压。

1.扩散时间与二氧化氮毒性危害区域分布的关系

四氧化二氮的主要危害是其毒性,在分析时首先考虑其毒性危险区域的分布。空气中二氧化氮最大允许浓度为 4.2 mg/m³,致死浓度为 210 mg/m³。其 10 min、30 min、60 min 应急暴露极限值分别为 63 mg/m³、42 mg/m³、21 mg/m³。因此,分析储库内二氧化氮浓度分布区域对于事故应急救援人员采取适当个体防护具有重要的指导作用。不同时刻、不同极限浓度的分布结果如图 6-15 所示。

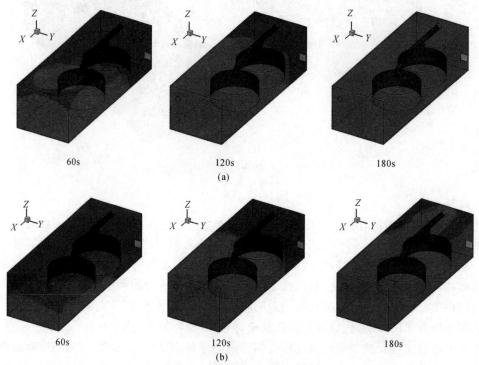

60s   120s   180s
(a)

60s   120s   180s
(b)

图 6-15 不同时刻不同极限浓度分布图

(a)不同时刻 $C_{二氧化氮} \geqslant 4.2$ mg/m³ 区域

(b)不同时刻 $C_{二氧化氮} \geqslant 63$ mg/m³ 区域

由图 6-15 可以看出,储库内二氧化氮危险区域逐渐增大,并可以发现下述规律。

(1)毒害区域从底部向顶部逐渐扩散,这是因为二氧化氮气体扩散为重气扩散(密度比空气大),扩散初期重力沉降作用明显,且渗漏蒸发点较低;

(2)储库内右半部的扩散要滞后于左半部,因为储罐的存在,阻碍了气体向右扩散,气体必须经由储库两侧的通道或者越过储罐顶部才能到达右半区;

(3)240 s 时库内绝大部分区域已经达到致死浓度,因此,应该做到尽早发现并及时处理,在进行事故抢险时,人员必须穿戴相应的防护装具,防止发生中毒伤亡事故。

2.库内毒气浓度分布

(1)渗漏口所在储库横截面。为研究扩散规律,首先选择渗漏口所在的储库横截面即 $x=$ 5.8 m 截面进行分析。如图 6-16 所示为不同时刻截面二氧化氮浓度分布。

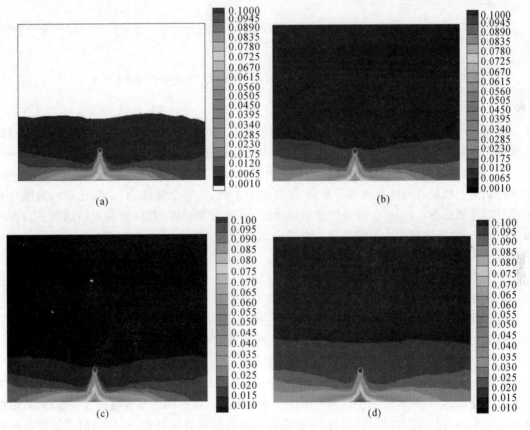

图 6-16　不同时刻 $x=5.8$ m 截面二氧化氮质量浓度分布

(a)100 s；　(b)300 s；　(c)600 s；　(d)1 200 s

由图 6-16 可以看出,二氧化氮从渗漏区域闪蒸后,为重气扩散的第一阶段,重力沉降阶段,即受重力影响大于空气浮力影响。此时,气体向下扩散,并在地面上方一定区域积聚,然后紧贴地面向四周扩散。高浓度区域主要集中在渗漏区域下方,且随着时间的延长不断扩大。二氧化氮气体被空气不断稀释后,密度逐渐减小,随空气气流运动,此外由于浓度梯度的存在,二氧化氮不断由高浓度区域向低浓度区域扩散,直至充满整个储库。气体从下到上,浓度逐渐降低,且呈很明显的层状分布,完全符合重气扩散的规律。

（2）作业通道截面浓度分布。在储罐与一侧墙壁有一段较大距离，为人员作业必经的通道，因此对此区域浓度情况进行分析也是十分必要的。如图 6 - 17 所示为 600 s 和 1 200 s 时刻，$y=2.95$ m 截面上，不同高度的二氧化氮质量浓度曲线。

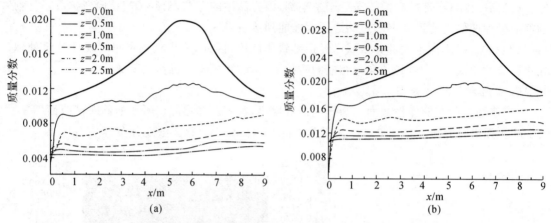

图 6 - 17　不同时刻 $y=2.95$ m 截面不同高度二氧化氮质量浓度分布
(a)600 s；　(b)1 200 s

从图 6 - 17 中可以看出，1 200 s 时各点浓度均比 600 s 时要大，曲线波动形式基本一致，且在排风口附近浓度较低，这是因为有外界的大气卷吸进来，降低了二氧化氮浓度。在同一高度上，二氧化氮浓度值差别很小，这进一步说明了二氧化氮浓度在纵向方向上也呈层状分布，因此可认为二氧化氮气体在底部积聚后，逐渐向上扩散，在整个储库内，二氧化氮的浓度分布呈明显的分层分布。$z=0$ m 时曲线波动幅度较大，因为靠近渗漏源，重气紧贴地面扩散而导致 $x=5.8$ m 附近浓度较大。另外还可以看出，越往上，二氧化氮浓度梯度越小。

3.同一时刻不同位置毒气浓度分布

为了更清楚地了解二氧化氮在整个储库空间的分布情况，选择 1 800 s 时刻储库内不同位置二氧化氮浓度分布进行讨论。本书分别选取了不同截面、不同角线、不同截线进行分析。

（1）不同储库截面。首先选择渗漏面所在的纵截面和横截面，其次考虑到人的平均身高和储库内人员通道，选择人的呼吸高度1.5 m 截面和通道截面，即选择 $x=5.8$ m，$y=1.4$ m，$y=2.95$ m，$z=1.5$ m 4 个截面进行分析讨论。

如图 6 - 18(a)所示为二氧化氮质量浓度分布，与图 6 - 16 中分布趋势基本相同，浓度由下到上逐渐降低，但积聚区域浓度值和范围进一步增大。上部空间的浓度值也进一步增加，浓度梯度逐渐减小，说明随着时间的延长，若渗漏得不到及时有效的处理，储库内的二氧化氮浓度会不断增加。

从图 6 - 18(b)可以发现，在闪蒸区域附近有一浓度超高的区域，这提醒相关工作人员在进行事故处理或进行相关检查需要接近储罐时，应该注意防范类似的高浓度区域带来的危害，防止瞬间的窒息等。另外，还可以发现右侧的浓度要稍微高于左侧罐区的浓度。从图 6 - 18 (c)也可以明显看出，障碍物(储罐及管道)对毒气扩散有一定的阻碍作用。从图 6 - 18(c)能够看到，排风口附近浓度较低，说明外界的气流被卷入储库空间内，稀释了附近的二氧化氮；同时，在贴近地面处有一浓度较高区域，是二氧化氮重气效应沿地面扩散后的结果。

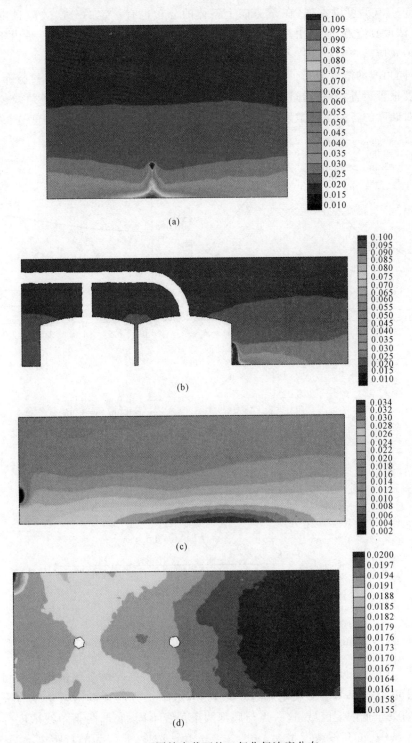

图 6-18　不同储库截面的二氧化氮浓度分布

(a) $x=5.8$ m 截面二氧化氮质量浓度分布；

(b) $y=1.4$ m 截面二氧化氮质量浓度分布；

(c) $y=2.95$ m 截面二氧化氮质量浓度分布；

(d) $z=1.5$ m 截面二氧化氮质量浓度分布

　　从图 6-18(d)可以发现,在 x 方向上气体的分布也有一定的分层效应且由于管道的存在,出现了浓度真空点,这是由浓度梯度造成的。右侧浓度较高区域,主要是由于气体扩散后形成的反弹效应。

　　(2)不同角线的浓度分布。为了更好地研究四氧化二氮推进剂泄漏浓度分布,有效选择二氧化氮浓度报警装置,分别通过数值模拟获得了 x,y,z 3 个方向共 12 条角线位置的浓度分布。现在对储库的各条角线浓度进行分析,图 6-19 所示为不同角线上浓度分布曲线。

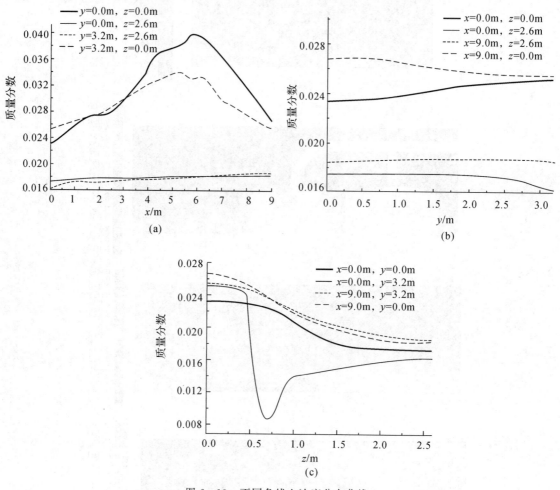

图 6-19　不同角线上浓度分布曲线

(a) x 方向上角线浓度分布; (b) y 方向上角线浓度分布; (c) z 方向上角线浓度分布

　　由图 6-19(a)可以发现,x 方向的 4 条角线中位于顶部的两条浓度基本上相等且均低于底部。从图可以看出,由于二氧化氮的浮力效应,储库 x 方向顶部两条角线的浓度分布变化较小,并一直处于低浓度区域,这一点与底部两条角线不同;底部两条角线浓度分布趋势也基本上一致,$y=0.0$ m 角线浓度稍大于 $y=3.2$ m 角线浓度,是因为前者距离渗漏区域较近。y 方向上,底部两条角线一个随 y 的增加而增加,一个随 y 的增加而减小,且前者浓度大于后者,因为前者距离渗漏点相对较近,故浓度稍高。另外,前者没有在正对渗漏点区域出现波动,笔者分析原因为毒气沉降到地面后沿地面扩散,在 y 较小区域,储罐与墙壁距离很小,阻碍了

气体向 x 负方向扩散,致使大部分气体向 x 正向扩散,后者随 y 增大而增大,也是因为两侧扩散的气体量不同造成的。由图 6-19(c)可以看出,z 方向上除排风口附近的角线外,其他 3 条浓度分布曲线大致相当,且顶部浓度差别不大,与前文分析较一致;排风口附近的角线因排风口气流的影响,在排风口高度处浓度较低,符合前文的分析和实际情况。

(3)不同截线浓度分布。渗漏点所在横截面上与渗漏点呈对称分布竖直线上的浓度分布曲线如图 6-20 所示。

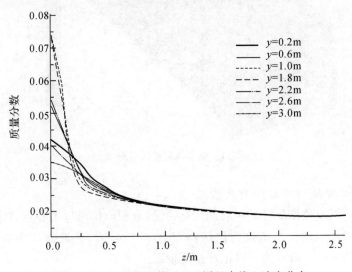

图 6-20　$x=5.8$ m 截面上不同竖直线上浓度分布

从图 6-20 可以看出,气体的扩散基本呈对称分布,且距离渗漏点越近,重合度越高,另外随着高度增加,各线浓度区域相等,进一步说明了顶部区域毒气的浓度差不大。

6.4.3　排风对残余四氧化二氮浓度影响的分析

本节假设上一节闪蒸 30 min 后得到妥善处理,研究机械排风对储库内残留二氧化氮浓度分布的影响,并研究不同排风速度影响的规律。

边界条件设置:将质量入口设置成 Wall;排风口为速度出口;进风口为压力入口,设置为一个大气压。

1. 机械排风对储库内残留气体分布的影响

当排风速度为 5 m/s 时,研究排放至储库内二氧化氮浓度低于空气中最大允许浓度的过程中,储库内残留毒气分布情况。

图 6-21 所示为通风后储库内气流速度矢量分布情况。从图中可以看出,排风口排风后,造成储库内呈一定的负压状态,空气在大气压力的作用下从进风口进入储库,因为进风口与排风口存在面积差,所以进风速度较高,形成射流,在储库内基本沿水平方向运动,进风截面逐渐变大,速度逐渐降低,并带动储库内气体流动。进风受到墙壁阻挡后沿着壁面向下、向右运动,一部分从排风口排出储库,另一部分再次碰壁后,沿地面和壁面向 x 轴正向运动,而后被进气流带走,如此在库内形成一定的循环。可以发现,在此通风系统中,储库上部空间气流速度沿 x 轴负向,下部空间沿 x 轴正向。

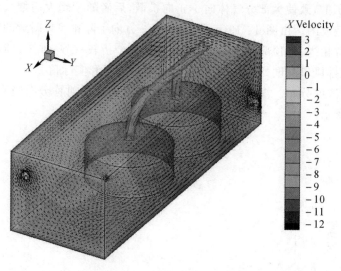

图 6-21　储库内速度矢量分布图

2.不同点处浓度随排风时间变化情况

为研究库内不同点位浓度随通风时间变化情况,分别取排风口中心点 $A(0,2.95,0.7)$,渗漏区中心点 $B(5.8,1.4,0.5)$,浓度积聚区点 $C(5.8,1.4,0)$,接近储库中心点 $D(4.5,1.6,1.5)$ 进行分析。图 6-22 所示为 4 点浓度变化情况。

由图 6-22 可以看出,不同点位浓度变化趋势不同,有先增加后降低,也有一直降低,但后期变化趋势基本相同。从前文的分析知,排风前,由于外界气流的稀释,排风口浓度小于内部浓度,排风后将储库内浓度大的气体抽出,因此点 A 会有先上升的趋势;渗漏点 B,因渗漏源被堵住,没有气体蒸发,因此排风后渗漏点的浓度从高浓度骤降,待降至与上风向气体浓度相当时,就开始缓慢下降;点 C 与点 B 基本相同,因地面上其浓度最大,上风向浓度不能给予补充,因此不会出现先上升的情况;对于点 D,通风开始时,进风口的气体浓度很小,会稀释点 D 的浓度,但通风一定时间后,高浓度区的气体被气流带动到点 D,出现再次上升的情况,而后慢慢降低。综合分析可得出如下规律:受储库内特殊气流的影响,通风后,各点浓度并非立即下降,由于高浓度区毒气的扩散,会使部分区域浓度先上升后逐渐降低。

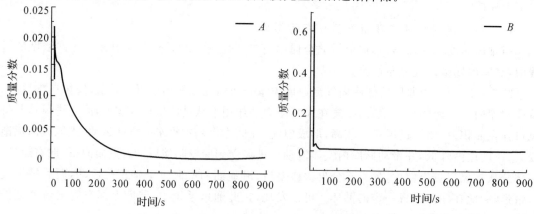

图 6-22　不同点处二氧化氮浓度随排风时间变化曲线

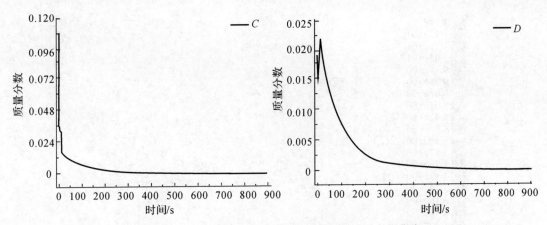

续图 6-22　不同点处二氧化氮浓度随排风时间变化曲线

3. 不同截面浓度随时间的变化情况

这里主要对人员通道以及呼吸高度的截面进行分析,即对 $y=2.95$ m 和 $z=1.5$ m 两个截面上浓度分布随通风时间的变化进行分析。图 6-23 和图 6-24 所示为两个截面上的速度矢量图。

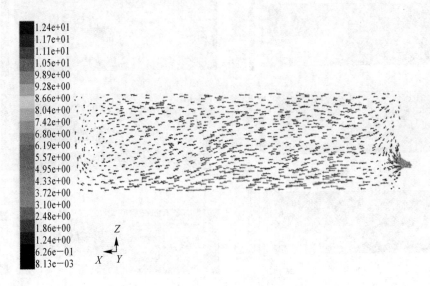

图 6-23　$y=2.95$ m 截面速度矢量图

从图 6-23 中可以看出,在通道截面上,速度基本上沿着 x 轴正向,在出口附近和接近 $x=9$ m 的墙壁处有气流漩涡。从图 6-24 中可以看出,在 $z=1.5$ m 截面上气体呈环形流动,在近 $y=0$ m 处速度沿 x 轴负向,另一侧速度沿 x 轴正向,且在 $x=0$ m 端方向向下,另一端方向向上,这进一步说明了整个库内的气体呈循环流动。

图 6-25 所示为不同通风时间后,$y=2.95$ m 和 $z=1.5$ m 两个截面上的二氧化氮浓度分布图。

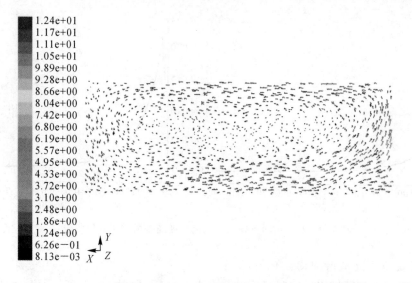

图 6-24　$z=1.5\mathrm{m}$ 截面速度矢量图

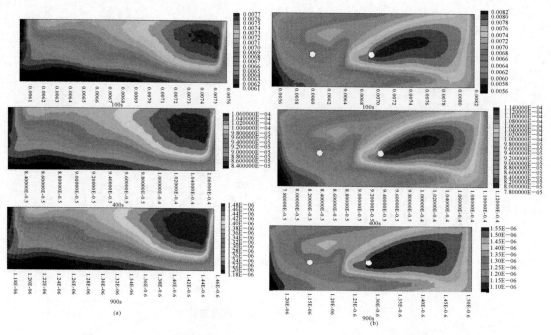

图 6-25　不同通风时间后 $y=2.95\mathrm{m}$ 和 $z=1.5\mathrm{m}$ 截面上二氧化氮浓度分布

(a)$y=2.95\ \mathrm{m}$；　(b)$z=1.5\ \mathrm{m}$

由图 6-25 可以看出，在各个时间点，截面上残余二氧化氮浓度分布规律是相同的，不同的是浓度数值不同。在两个截面上浓度均呈现一定的环形分布，图中的高浓度区域均出现在速度矢量图中的漩涡位置，因为此处速度较低，二氧化氮扩散较慢。从图中还可以看出，通风 100 s 后，库内浓度基本降至 10^{-3} 级，400 s 时已降至 10^{-4} 级，900 s 后，两截面浓度均已经低于空气中最大允许浓度，此时可以进行无防护装具作业。

4. 不同时间储库内毒性危害区域的变化

不同通风时间后储库内毒害区域分布如图 6-26 所示。

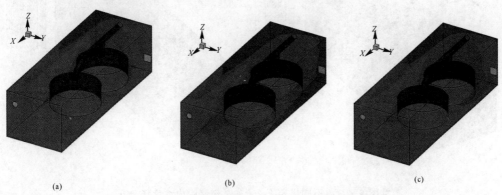

(a)　　　　　　　　　　(b)　　　　　　　　　　(c)

图 6-26　通风后不同时刻毒害区域分布

(a)440 s $C_{\text{二氧化氮}}\geqslant210\text{mg/m}^3$；　(b)600 s $C_{\text{二氧化氮}}\geqslant63\text{mg/m}^3$

(c)660 s $C_{\text{二氧化氮}}\geqslant21\text{mg/m}^3$

由图 6-26 可以看出,440 s 时,整个储库大部分空间浓度仍然大于致死浓度;600 s 时,储库内部分空间二氧化氮浓度已下降至 10min 应急极限浓度以下;660 s 时,储库部分空间下降至 1h 应急极限浓度值以下。另外,通风 900 s 后,储库内二氧化氮浓度最大值为 3.47 mg/m³,低于空气中最大允许浓度,可以不穿戴防护装具在库内进行作业,排风亦可停止。由图 6-26 还可以看出,浓度较低区域主要集中于进风射流稀释的区域,在射流影响较小的区域,二氧化氮浓度较高。

5. 排风速度对库内残留二氧化氮浓度的影响

(1)排风速度对残留浓度分布的影响。分别取排风速度 2m/s、5m/s、8m/s 和 10m/s,排风 200s 后储库内浓度分布情况进行分析,结果如图 6-27 所示。

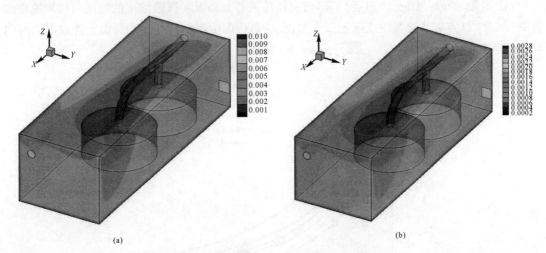

(a)　　　　　　　　　　　　　　　　(b)

图 6-27　不同风速下 200 s 时刻储库内浓度场分布

(a)2 m/s;　(b)5 m/s

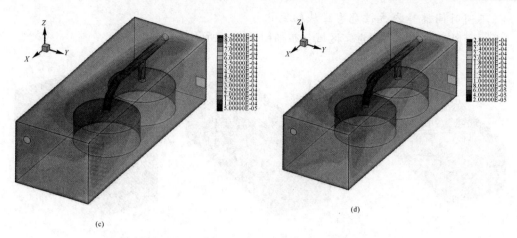

续图 6-27　不同风速下 200 s 时刻储库内浓度场分布

(c)8 m/s;　(d)10 m/s

由图 6-27 可以看出,排风速度越高,储库内浓度下降越快。由计算结果知,200 s 时刻不同风速下库内最高质量分数分别为0.010 0,0.003 0,0.000 9,0.000 3,因此事故处理完毕后应该加大通风,使储库内毒气浓度尽快降至安全范围内。此外还可以看出,整个空间的浓度均逐步降低,说明现有通风方式对储库内任何空间均有效,不存在死角。图中深色区域为高浓度区域,主要集中在库的中央,呈一定的环形分布,分析结果为进风口空气速度较大,形成射流,稀释区域浓度较低,并且使库内空气形成一定的循环流动,中间区域受气流扰动较小,毒气扩散较慢,因此浓度较高。

(2)排风速度与排风时间对残留浓度的影响。为研究排风速度、时间对储库内毒气残留浓度的影响,选取 A,C,D 点进行质量分数监测,其中 A 点为排风口中心点,C 点为地面上的点,D 点为接近储库中心的点,具有一定的代表性。本书分别对排风速度为 2 m/s,3 m/s,5 m/s,6 m/s,8 m/s,9 m/s,10 m/s 进行计算,研究储库内各点降至各极限浓度的时间与排风速度的关系。A,C,D 点二氧化氮浓度降至致死浓度、应急极限浓度以及空气中最大允许浓度的时间与排风速度的关系分别如图 6-28~图 6-30 所示。

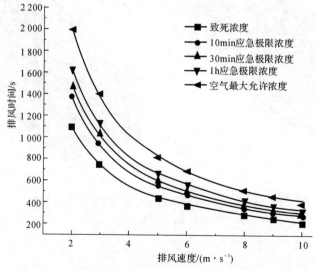

图 6-28　A 点降至各极限浓度的时间与排风速度的关系

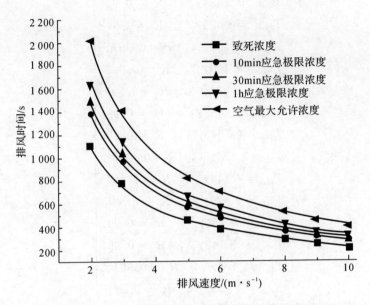

图 6-29　C 点降至各极限浓度的时间与排风速度的关系

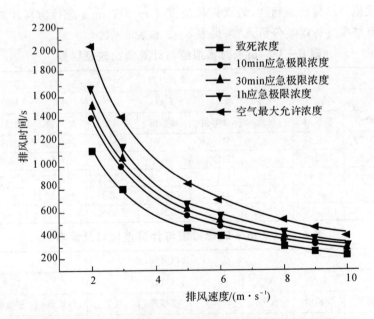

图 6-30　D 点降至各极限浓度的时间与排风速度的关系

从 3 个图中可以看出,各点浓度下降到各极限浓度所需的时间与排风速度均呈现相同的规律性,且排风速度越大,所用时间越少,符合实际情况。下面分别为点 A、点 C、点 D 的拟合结果。

$$T_{致死} = 2\ 261\gamma^{-1}, \quad R^2 = 0.998$$
$$T_{10min} = 2\ 833\gamma^{-1}, \quad R^2 = 0.997$$
$$T_{30min} = 3\ 025\gamma^{-1}, \quad R^2 = 0.998 \tag{6-14}$$
$$T_{1h} = 3\ 355\gamma^{-1}, \quad R^2 = 0.997$$
$$T_{max} = 4\ 120\gamma^{-1}, \quad R^2 = 0.997$$

$$T_{致死} = 2\ 281\gamma^{-1}, \quad R^2 = 0.998$$
$$T_{10min} = 2\ 853\gamma^{-1}, \quad R^2 = 0.998$$
$$T_{30min} = 3\ 045\gamma^{-1}, \quad R^2 = 0.998 \tag{6-15}$$
$$T_{1h} = 3\ 375\gamma^{-1}, \quad R^2 = 0.997$$
$$T_{max} = 4\ 140\gamma^{-1}, \quad R^2 = 0.997$$

$$T_{致死} = 2\ 379\gamma^{-1}, \quad R^2 = 0.998$$
$$T_{10min} = 2\ 951\gamma^{-1}, \quad R^2 = 0.997$$
$$T_{30min} = 3\ 143\gamma^{-1}, \quad R^2 = 0.997 \tag{6-16}$$
$$T_{1h} = 3\ 473\gamma^{-1}, \quad R^2 = 0.997$$
$$T_{max} = 4\ 238\gamma^{-1}, \quad R^2 = 0.997$$

式中　T——各点浓度降至应急暴露极限浓度或空气中最大允许浓度所用的时间,s;

　　　γ——排风风速,m/s;

　　　R^2——相关系数。

为验证上述拟合结果的正确性,另取排风速度 4 m/s,7 m/s 进行仿真计算,将仿真结果与拟合公式计算结果进行误差分析,结果见表 6-3 和表 6-4。

表 6-3　4m/s 时模拟值与计算值比较及误差

极限浓度	排风时间/s								
	A 点			C 点			D 点		
	计算值	模拟值	误差	计算值	模拟值	误差	计算值	模拟值	误差
致死	565.25	561.94	0.58%	570.25	566.95	0.58%	594.75	591.61	0.53%
10 min	708.25	704.38	0.55%	713.25	709.39	0.54%	737.75	734.05	0.50%
30 min	756.25	752.36	0.51%	761.25	757.37	0.51%	785.75	782.03	0.47%
1h	838.75	834.38	0.52%	843.75	839.39	0.52%	868.25	864.04	0.48%
Max	1 030.00	1 024.81	0.50%	1 035.00	1 029.82	0.50%	1 059.50	1 054.48	0.47%

表 6-4　7 m/s 时模拟值与计算值比较及误差

极限浓度	排风时间/s								
	A 点			C 点			D 点		
	计算值	模拟值	误差	计算值	模拟值	误差	计算值	模拟值	误差
致死	323.00	321.28	0.53%	325.86	324.17	0.52%	339.86	338.18	0.49%
10 min	404.70	402.40	0.57%	407.57	405.28	0.56%	421.57	419.30	0.54%
30 min	432.14	429.72	0.56%	435.00	432.60	0.55%	449.00	446.62	0.53%
1 h	479.30	476.42	0.56%	482.14	479.31	0.59%	496.14	493.32	0.57%
Max	588.57	584.86	0.63%	591.43	587.75	0.62%	605.43	601.77	0.61%

由表 6-3 和表 6-4 可知,所拟合的公式计算值与仿真结果非常接近,误差均小于 1%,这说明拟合公式能够较好地反映各点降至各极限浓度的时间与排风速度的关系实际规律,即各点降至各极限浓度的时间与排风速度呈幂函数关系。

6.4.4　排风情况下四氧化二氮闪蒸扩散模拟

本节假设在储库机械排风装置运行的情况下,发生渗漏闪蒸,主要研究二氧化氮气体在储库内的扩散情况以及二氧化氮气体的时空分布规律,并研究排风速度和渗漏量对库内毒气浓度分布的影响。

1. 排风条件下四氧化二氮闪蒸扩散浓度分布

在 6.3 节的模型及边界条件的基础上,改变排风口为速度出口,速度值为 5 m/s;进风口为压力入口,压力设置为一个大气压。

(1)不同时刻储库内二氧化氮浓度变化情况。图 6-31 所示为排风口中心点浓度随时间变化曲线。

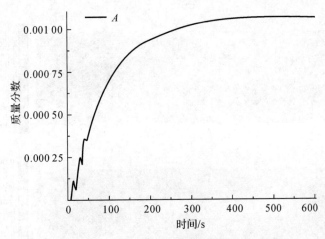

图 6-31　排风口中心二氧化氮浓度变化曲线

由图 6-31 可以看出,排风口中心点浓度随时间逐渐上升,500s 后基本保持水平,浓度变化波动很小,可认为储库内已达到动态平衡状态。

图 6-32 所示为不同时刻,通道截面即($y=2.95$ m 截面)二氧化氮浓度分布情况,取 100 s,200 s,400 s 和稳定状态 4 个时刻。从图中可以看出不同时刻,截面上浓度分布趋势基本一致,且高浓度区集中于速度较低区域,不易扩散。不同时刻,截面最大质量分数值分别为 100 s 时为 0.000 581 968,200 s 时为 0.001 06,400 s 时为 0.001 2,稳定时为 0.001 227 28。这说明,在扩散开始阶段,因储库内二氧化氮浓度基本为 0,浓度梯度较大,扩散较快,随着储库内浓度的不断增加,浓度梯度逐渐降低,使得二氧化氮浓度变化逐渐减小,直至最终达到平衡稳定状态。

图 6-33 所示为 200 s 和稳定状态下,z 轴方向 4 条角线上浓度分布情况。

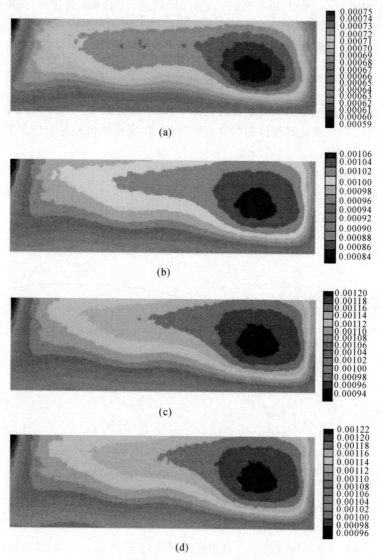

图 6-32　不同时刻 $y＝2.95m$ 截面浓度分布情况

(a)100 s；　(b)200 s；　(c)400 s；　(d)稳定状态

由图 6-33 可以看出,不同时刻各条角线上浓度分布趋势也基本相同。进风口附近角线因受气流影响较小,形成浓度积聚,上、下浓度变化不大;$x＝0$ m 的两条角线,因上部受进风口空气射流的稀释作用较明显,所以从下到上浓度逐渐降低。从前文速度矢量图分析可知,在 $x＝9$ m,$y＝3.2$ m 角落的上部空间存在这一个速度较低区域,浓度在此积聚,因此该角线从下到上浓度逐渐上升。

（2）稳定状态时浓度分布情况。当排风口排出的二氧化氮质量与渗漏点渗漏出的质量相当,且储库内各位置浓度基本不再变化时,即可认为储库处于稳定状态。图 6-34 所示为 500 s 时刻和 780 s 时刻,$x＝5.8$ m 截面浓度分布。

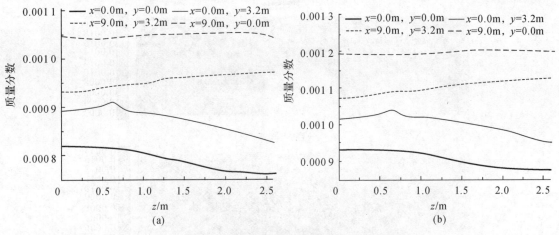

图 6-33　不同时刻 z 轴方向角线上浓度分布

(a)200 s；　(b)稳定状态

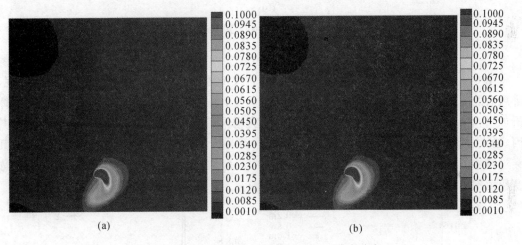

图 6-34　500 s 和 780 s 时刻 $x=5.8$m 浓度分布

(a)500 s；　(b)780 s

　　从图 6-34 可以看出，两个时刻，截面浓度分布完全一致，高、低浓度区域以及各区域大小均相同，因此可以确定 500s 时储库内二氧化氮分布已经处于稳定状态。下面对稳态下储库内二氧化氮浓度分布情况进行分析。

　　图 6-35 所示为稳态时进风口中心截面浓度分布情况。从图中可以看出进风射流对储库内气体浓度稀释的情况。气流进入储库后，在进风口附近形成浓度极低区域，随着气流逐渐卷吸储库内气体，浓度逐渐升高，同时使射流速度能够到达的区域浓度得到稀释，速度越大稀释越明显，因此会形成如图所示的浓度分布情况。高速射流运动，同时会带动周围气体运动，于是会在储库水平截面上形成环形流动，在中心速度较低的区域形成浓度积聚。在纵截面上也形成一定的循环流动，对比速度矢量图可以发现，浓度较高区域均位于速度较低的地方。

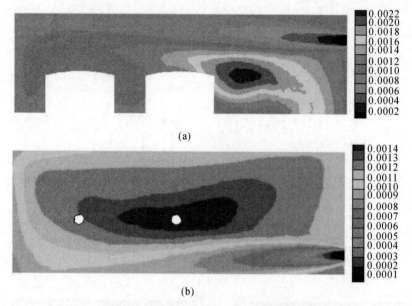

(a)

(b)

图 6-35　进风口中心点截面浓度分布

(a)$y=0.5$ m 截面；　(b)$z=1.95$ m 截面

图 6-36 所示为 $x=5.8$ m 截面上不同竖直线上浓度分布,与图 6-20 对比可以发现,因排风后的二氧化氮扩散情况比较复杂,所以各垂线上浓度分布并不呈现一定的规律。具体分析如下:$y=0.2$ m 与 $y=0.6$ m 浓度从下到上先增大后减小再增加,从图 6-34 可以分析其原因,增大、减小分别因为接近渗漏区和射流区;$y=1.0\sim2.2$ m,浓度均呈现先增后减,因其只穿过高浓度区,其中 $y=1.8$ m 更接近高浓度中心区域,因此浓度较高;$y=2.6\sim3.0$ m 浓度变化范围不大,因高浓度区域没有达到这个范围。

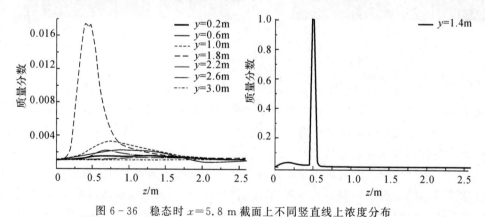

图 6-36　稳态时 $x=5.8$ m 截面上不同竖直线上浓度分布

2.排风情况下四氧化二氮闪蒸扩散影响因素

渗漏量与排风速度对储库内气体扩散影响较大,对二者的影响作下述分析。

(1)排风速度的影响。本书研究排风速度分别为 2 m/s、8 m/s 情况下对储库内气体扩散的影响,分别取稳态时进风口中心纵、横截面和 z 轴方向 4 条角线浓度分布进行分析。图

6-37 所示为不同风速下 $y=0.5$ m 和 $z=1.95$m 两截面浓度分布情况。

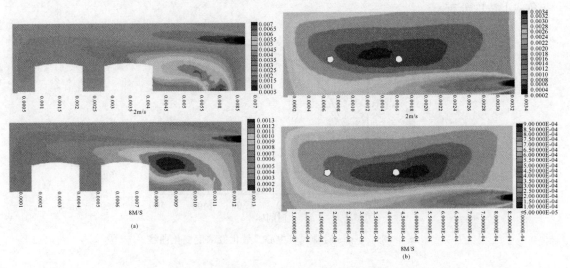

图 6-37　不同排风速度下 $y=0.5$ m，$z=1.95$ m 截面上浓度分布

(a)$y=0.5$m；　(b)$z=1.95$m

从图 6-37 可以看出,当排风速度减小时,进气射流速度减小,直接稀释范围较低,且储库底部的气流循环速度减小,扩散时的高浓度区域也减小,且主要集中在渗漏口附近的近地面处;当排风速度增大时,循环气流速度增大,将近地面的高浓度区域稀释,并在漩涡处形成聚集。从图中可以明显看出,排风速度越大,截面上平均浓度越小。

图 6-38 所示为不同排风速度条件下,排风口中心二氧化氮浓度变化曲线。

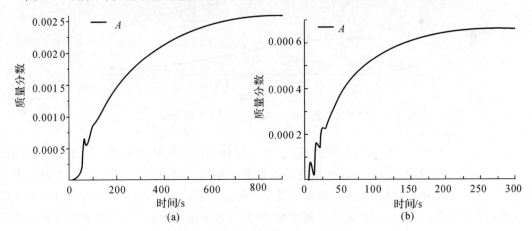

图 6-38　不同排风速度条件下排风口中心二氧化氮浓度变化曲线

(a)2 m/s；　(b)8 m/s

由图 6-38 可以看出,排风速度越高,储库内浓度场达到平衡的时间就越短,稳定后排风口中心二氧化氮浓度越低。

(2)渗漏量的影响。在不改变其他边界条件的基础上,将质量入口调整为 5 g/s,计算至稳态,与 1g/s 进行对比,研究渗漏量的影响。

图 6-39 和图 6-40 所示分别为排风口中心二氧化氮浓度变化曲线和稳态时 z 轴方向 4 条角线上浓度分布。

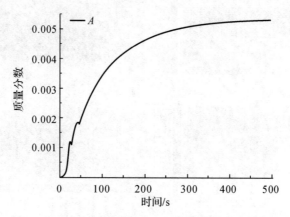

图 6-39　5 g/s 时排风口中心二氧化氮浓度变化曲线

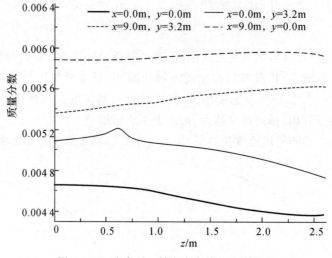

图 6-40　稳态时 z 轴方向角线上浓度分布

将图 6-39 与图 6-40 对比后可发现,二者达到稳态的时间基本相同。将图 6-40 与图 6-33 稳态情况对比后可发现,各角线浓度分布也基本相同。同时还可以发现,前者浓度基本上为后者的 5 倍。由此可认为,在渗漏量不是很大的前提下,在入口对储库浓度场达到稳态的时间影响不大,储库内各点浓度值呈比例增加,因此当发生渗漏时,首先应堵漏或者减少渗漏量来降低浓度。

6.5　储库内偏二甲肼液池蒸发扩散模拟

四氧化二氮在环境温度高于 21.5℃(沸点)时,储罐发生渗漏闪蒸后,气体在储库内扩散规律,该规律对偏二甲肼等沸点较高的液体推进剂并不适用。下面基于环境温度低于推进剂沸点的假设,建立储库液池蒸发扩散模型,该模型对偏二甲肼、四氧化二氮、肼等液体推进剂均适用,以偏二甲肼为例进行研究。

6.5.1 建立计算模型

1. 物理建模与网格划分

偏二甲肼储库与四氧化二氮储库结构相同,因此储库几何模型与图 6-14 所建模型相同,具体根据介质的不同而确定。

假定推进剂储库内大气压强为 101 325 Pa,环境温度为 293 K,相对湿度为 40%,因意外导致偏二甲肼液体泄漏,在地面(6.5,1.4,0)处形成一个直径为 0.4 m 的液池,如图 6-41(a)所示。

网格划分采用三维、非结构化网格进行划分,并对液池、进风口、排风口进行加密,如图6-41(b)所示。

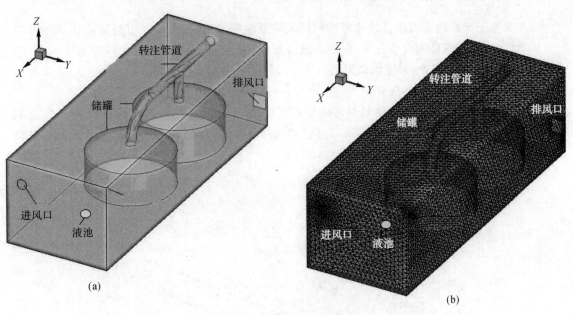

(a)

(b)

图 6-41 物理模型与网格划分

2. 偏二甲肼蒸发速率

根据第 5 章研究的偏二甲肼在储存空间的蒸发速率公式可知,储存条件下偏二甲肼蒸发满足式(5-10),即

$$v_\mu = 2.603\ 6A\gamma^{0.553}(0.001\ 935T^2 + 0.018\ 988T + 0.511\ 81) \times$$
$$(-2H^2 + 4.46H - 0.026\ 5)$$

式中　v_μ —— 偏二甲肼蒸发速率,mg/min;

　　A —— 蒸发面积,cm²;

　　γ —— 蒸发表面风速,m/s;

　　T —— 环境温度,℃;

　　H —— 环境相对湿度。

为简化模型并方便对比分析,偏二甲肼蒸发速率计算时一律选取 $\gamma = 0.5$ m/s,$T = 20$℃,

$H=40\%$,可计算得到该实验条件下偏二甲肼的蒸发速度,作为蒸发扩散的入口边界条件。

3.边界条件设置

在数值模拟过程中假设:

(1)储库内的空气作为不可压缩流体处理,呈湍流状态;

(2)空气和偏二甲肼的混合气体视作理想气体,遵循理想气体状态方程,在流动过程中不发生化学反应;

(3)假设环境温度为常温,进风温度与储库内温度相同,与外界无热量交换;

(4)扩散过程蒸发速率不变。

基于上述假设,计算时同样采用标准 k-ε 湍流模型。在边界条件中,入口采用速度入口,壁面采用标准壁面函数,其他边界设置见具体章节。组分影响采用化学组分输运模型。

6.5.2 无排风情况下偏二甲肼蒸发扩散模拟

本节基于储库内无机械排风或者机械排风装置损坏等情况下,偏二甲肼液池在储库内蒸发扩散情况,研究气体的时空分布、毒害区域以及爆炸区域的分布规律。入口为速度入口,进风口边界条件设置为 Wall,排风口为压力出口,设置为一个大气压。

1.偏二甲肼气体浓度分布

(1)监测点浓度变化。计算时对液池中心正上方 1 m 的点 $A(6.5,1.4,1)$ 和 2 m 的点 $B(6.5,1.4,2)$,储库几何中心点 $C(4.5,1.6,1.3)$,两储罐中间点 $D(3.15,1.4,0.5)$ 的偏二甲肼质量分数进行监测,其变化曲线如图 6-42 所示。

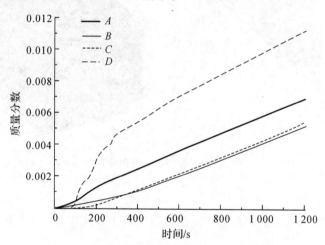

图 6-42 监测点偏二甲肼质量分数变化曲线

由图 6-42 可以看出,偏二甲肼并非瞬间扩散至整个空间各点的,而是由近及远、由低到高扩散的。受储罐的影响,偏二甲肼扩散到 D 点的时间有所延迟,同时因为 D 点位于两储罐之间,到达的气体不易向别处扩散,因此该点浓度较高。此外,从图中还可看出,扩散一定时间后,各点浓度基本呈线性变化。

(2)不同时刻偏二甲肼浓度分布。为方便对比不同时刻储库内偏二甲肼气体扩散分布情况,在液池中心点所在 x、y 截面 $z=1.5$ m 高度设置两条观测线。图 6-43 和图 6-44 分别给出了不同时刻两条观测线上偏二甲肼浓度分布。从图中可以看出,偏二甲肼质量分数基本呈线性增加,且在同一高度上浓度差别很小,说明偏二甲肼气体呈层状分布,符合重气扩散规律。在 x 方向上,气体浓度有小的波动,分析认为是受储罐的影响。

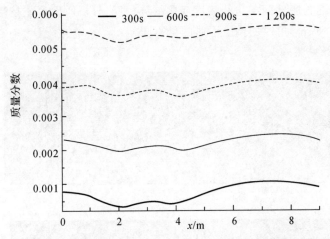

图 6-43　不同时刻 y＝1.4 m,z＝1.5 m 偏二甲肼浓度分布

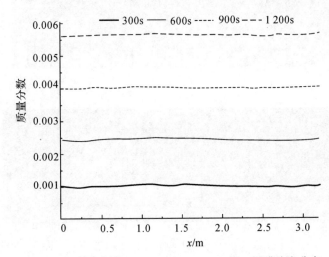

图 6-44　不同时刻 x＝6.5 m,z＝1.5 m 偏二甲肼浓度分布

图 6-45 所示为不同时刻,人员通道截面(y＝2.95 m)上偏二甲肼气体质量分数分布图。可以看出,随着时间的增加,截面上偏二甲肼浓度越来越大,且呈明显的分层分布,从底部向上浓度逐渐降低。此外,在地面处有一高浓度区域,此为偏二甲肼气体的重气效应,是沿地面扩散造成的,越接近液池,浓度越大,危险越大,靠近时务必做好个人防护。在排风口附近有一低浓度区域,是由于外界空气被卷入储库内,稀释了排风口附近的偏二甲肼气体。

(3)同一时刻角线浓度分布。为更好地分析储库泄漏偏二甲肼气体浓度分布,下面分别对 1 200 s 时,x,y,z 方向上角线浓度进行分析。

图 6-46 所示为 x 方向上 4 条角线偏二甲肼气体质量分数分布曲线。从图中可以看出,储库上部的两条角线浓度低于底部的两条角线,且浓度曲线基本重合,验证了偏二甲肼的重气效应,同时说明,在储库上部偏二甲肼与空气已经充分混合。底部两条角线,浓度分布趋势也

大致相同,中间出现浓度较高区域,是由于距离液池较近。

图 6-47 所示为 y 方向上 4 条角线偏二甲肼质量分数分布情况,与 x 方向角线浓度分布基本相同。不同之处为底部两条角线浓度变化趋势相反,分析原因可能是受储罐的影响,从两侧到达($x=0$ m,$z=0$ m)角线的偏二甲肼的量不同。

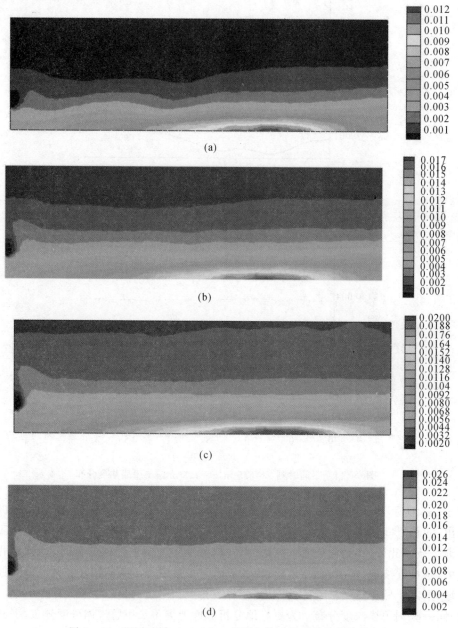

图 6-45 不同时刻 $y=2.95$ m 截面上偏二甲肼质量分数分布

(a)300 s； (b)600 s； (c)900 s； (d)1 200 s

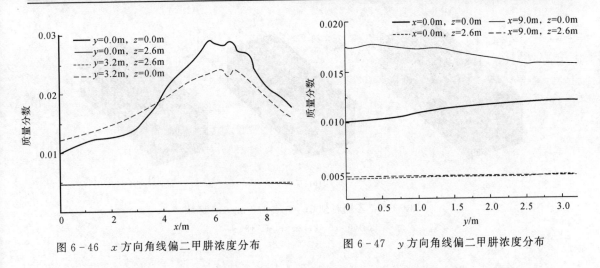

图 6-46　x 方向角线偏二甲肼浓度分布　　　图 6-47　y 方向角线偏二甲肼浓度分布

图 6-48 所示为 z 方向上 4 条角线偏二甲肼质量分数分布情况。从图中可以看出,从低到高,偏二甲肼质量分数逐渐降低,与前文偏二甲肼分层分布的结论一致。其中($x=0.0$ m,$y=0.0$ m)角线在通风口高度上有一个浓度较低区域,此为外界空气稀释的结果。同时可以看出,随着高度的增加,4 条角线浓度变化逐渐缓和,说明偏二甲肼浓度梯度逐渐减小。

2. 毒害区域变化

偏二甲肼具有三级中等毒性,空气中最大允许浓度为 1.2 mg/m³,应急暴露极限值是 1 h 为 72 mg/m³,0.5 h 为 120 mg/m³,10 min 为 240 mg/m³。因此研究偏二甲肼蒸发扩散后储库内毒害区域变化,对人员防护具有重要意义。

图 6-49、图 6-50 所示分别为不同时刻储库内偏二甲肼浓度超过空气中最大允许浓度和 10 min 应急暴露极限浓度区域,其中黑色区域为毒害区域,

从图中可以看出,毒害区域向 x 轴负向、z 轴正向扩展。从图 6-49 可以看出,蒸发 3 min 后,基本上整个储库空间已经达到或者超过空气中最大允许浓度,人员活动时应注意防护。从图 6-50 可以看出,300 s 时,储库底部空间偏二甲肼浓度已全部达到或超过 10 min 应急浓度值,此时在储库内活动时如无防护装具,务必要注意时间。

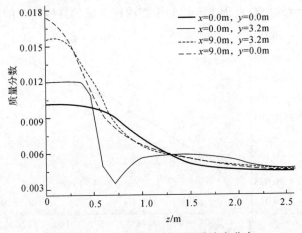

图 6-48　z 方向角线偏二甲肼浓度分布

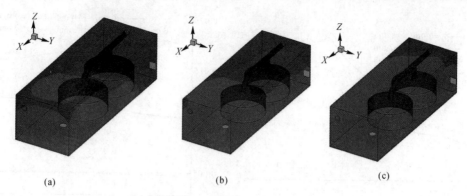

图 6-49 不同时刻 $C_{偏二甲肼} \geqslant 1.2 \text{ mg/m}^3$ 区域

(a)60 s； (b)120 s； (c)180 s

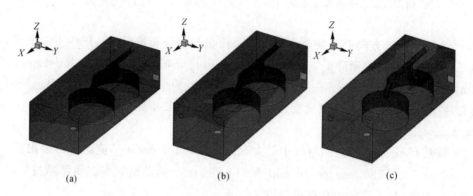

图 6-50 不同时刻 $C_{偏二甲肼} \geqslant 240 \text{ mg/m}^3$ 区域

(a)120 s； (b)180 s； (c)300 s

3.爆炸区域变化

偏二甲肼极易在空气中形成爆炸混合物,其在空气中的爆炸浓度极限为 $2.5\% \sim 78.5\%$ (质量分数为 $5.11\% \sim 88.46\%$),应避免明火和电火花,因此,研究储库内爆炸区域的变化规律,对燃烧爆炸事故的预防有着重要的意义。

图 6-51 所示为液池中心点正上方达到爆炸浓度区域的高度随时间的变化图。

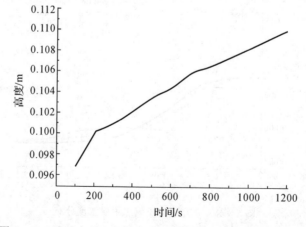

图 6-51 液池中心上方爆炸浓度区域的高度与时间的关系图

由图 6-51 可以看出,爆炸区域高度变化非常缓慢,且基本呈线性变化,爆炸区域主要集中于近地面,因此进行事故处理时,应重点避免在近地面区域产生明火或者电火花。

图 6-52 所示为不同时刻储库内爆炸浓度区域分布图。从图中可以看出,无排风情况下,储库内爆炸区域主要集中于液池附近,且随着时间的变化,爆炸浓度区域范围变化并不大,主要是因为单位时间内蒸发到储库空间的偏二甲肼质量较小,同时无风条件下,偏二甲肼扩散速度不高,不足以使得大范围区域达到爆炸浓度。进行事故处理时,在液池附近务必要做到不产生静电、电火花等,防止产生着火、爆炸,引发多米诺效应,造成严重后果。在充分预防和高度戒备的前提下,发生燃烧爆炸的可能性并不高。

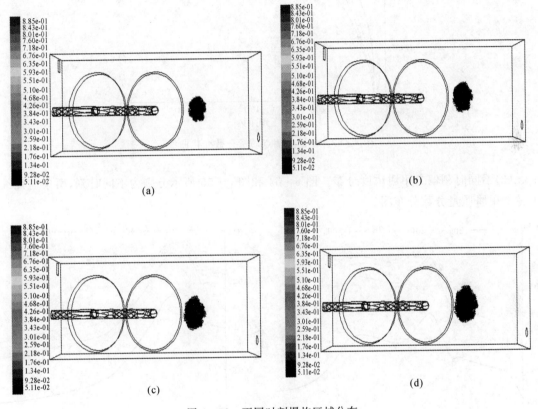

(a)　　　　　　　　　　　　　　　(b)

(c)　　　　　　　　　　　　　　　(d)

图 6-52　不同时刻爆炸区域分布

(a)300 s;　(b)600 s;　(c)900 s;　(d)1 200 s

6.5.3　排风情况下偏二甲肼蒸发扩散模拟

推进剂泄漏后,假设在储库内蒸发扩散的同时,排风设施正在运转,研究储库特定通风条件下,偏二甲肼液池蒸发扩散过程及偏二甲肼气体时空分布规律,并研究液池面积、液池位置以及排风速度等因素对蒸发扩散的影响。

1.偏二甲肼浓度场分布

计算时,取模型Ⅰ,边界条件设置如下:液池设置为速度入口,速度值按式(5-10)设置;进风口设置为压力入口,压力值为一个大气压;排风口为速度出口,速度值为 5 m/s。

(1)监测点浓度变化。计算时,除对 6.4.3 节的 A,B,C,D 点进行质量分数监测外,还对

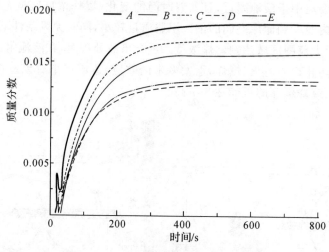

排风口中心点 $E(0,2.95,0.7)$进行监测,浓度随时间变化曲线如图 6-53 所示。从图中可以看出,各点浓度随时间逐渐变大,且变化率逐渐变小,最终基本为零,此时,各点浓度也基本稳定。从图中可以看出,500 s 时各点质量分数已基本不再发生变化。

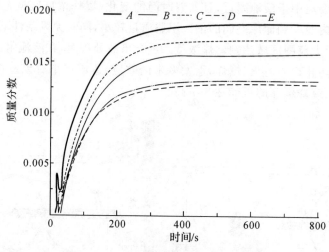

图 6-53 不同监测点质量分数变化曲线

(2)不同时刻偏二甲肼浓度分布。图 6-54 和图 6-55 所示分别为不同时刻,两条监测线上偏二甲肼质量分数分布图。

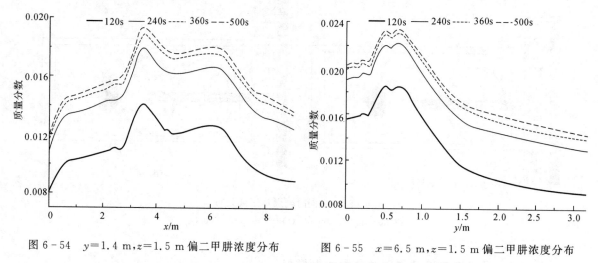

图 6-54 $y=1.4$ m,$z=1.5$ m 偏二甲肼浓度分布　　　　图 6-55 $x=6.5$ m,$z=1.5$ m 偏二甲肼浓度分布

从图中可以看出,不同时间、两条观测线上偏二甲肼分布趋势基本相同,且浓度增加率逐渐降低,最终趋于稳定。同时可以看出,浓度分布较无风时要复杂,说明了储库内气流运动的复杂性。图中的浓度突起部分,均为储库内循环气流带动偏二甲肼气体到达所在位置的结果。

(3)同一时刻偏二甲肼浓度分布。图 6-56～图 6-58 所示为动态平衡时,储库各角线上偏二甲肼质量分数分布情况。

从图中可以看出,受储库内气体湍流流动影响,各角线上浓度差别并不是很大。基本上较高浓度区域集中于储库排风口附近。原因是排风口进风速度较大,形成射流,带动周围气体跟随运动,因此会形成负压区域,使底部含有偏二甲肼浓度较高的气体向此方向运动;另一方面,储库内气体循环流动,也使底部气体朝此方向运动。在图 6 - 56 中,存在一个浓度较高的峰值,这是由于受循环气流的影响,高浓度偏二甲肼气体被吹到角线处造成的。

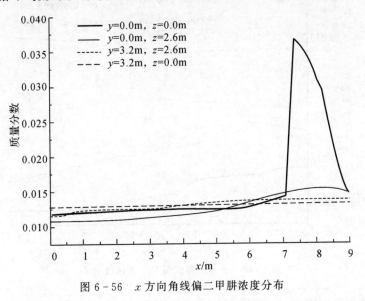

图 6 - 56　x 方向角线偏二甲肼浓度分布

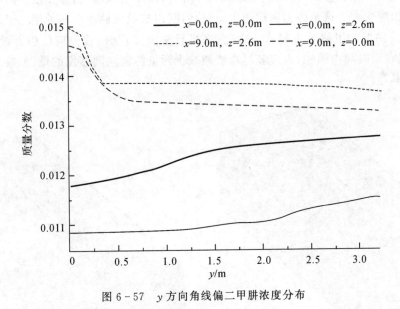

图 6 - 57　y 方向角线偏二甲肼浓度分布

2. 不同因素对蒸发扩散的影响分析

本书为分析液池面积、液池位置、排风速度等因素对偏二甲肼浓度分布的影响,在前文的基础上建立对比模型进行计算,对结果进行分析,寻找规律。模型Ⅱ在模型Ⅰ的基础上,将液池半径扩大为0.5 m,模型Ⅲ在模型Ⅰ的基础上将液池中心移至(1.8,2.95,0),其他条件均不改变(见图 6 - 59)。下面主要对动态平衡状态进行研究。

(1)液池面积的影响。图 6 - 60~图 6 - 62 所示分别为不同液池面积下储库地面(z=

0 m)上偏二甲肼质量分数分布、爆炸浓度区域分布以及两条监测线上偏二甲肼质量分数分布情况。

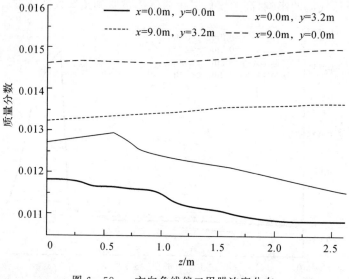

图 6-58　z 方向角线偏二甲肼浓度分布

如图 6-60 中可以看出,液池面积越大,储库内高浓度区域越大,爆炸浓度区域也越大,监测线浓度也相应变大。这是因为面积越大,单位时间内扩散到储库空间的偏二甲肼质量越大,扩散到各点位的偏二甲肼量也越大。因此,在进行事故处理时,首先应该想方设法消除污染源,即使无法在短时间内消除,也应该尽可能地减少污染源向空间蒸发的量,如减小蒸发面积、降低蒸发速率等。

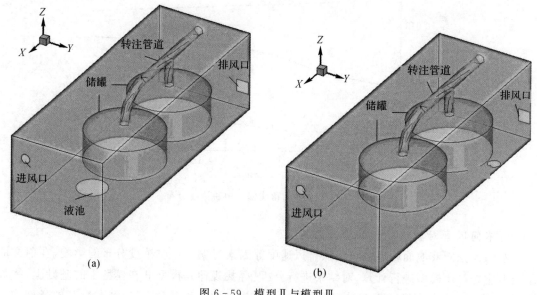

图 6-59　模型Ⅱ与模型Ⅲ
(a)模型Ⅱ;　(b)模型Ⅲ

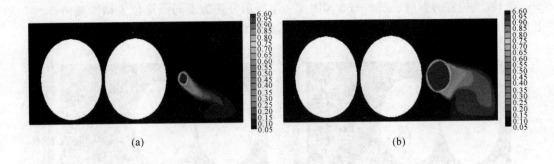

图 6-60　不同液池面积时 $z=0$ m 截面上偏二甲肼浓度分布
(a)模型 I ；　(b)模型 II

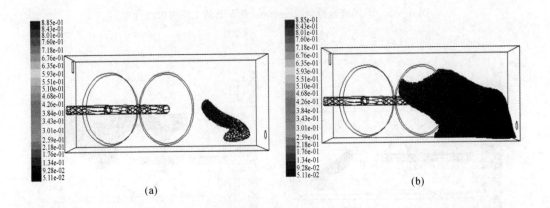

图 6-61　不同液池面积下爆炸浓度区域分布
(a)模型 I ；　(b)模型 II

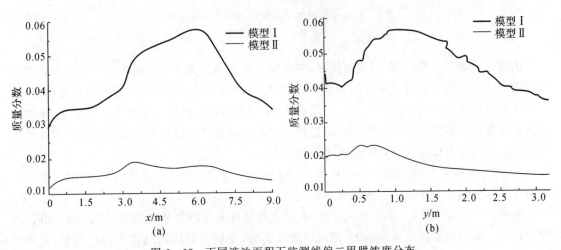

图 6-62　不同液池面积下监测线偏二甲肼浓度分布
(a)$y=1.4$m,$z=1.5$m；　(b)$x=6.5$m,$z=1.5$m

(2)液池位置的影响。图6-63和图6-64所示分别为不同液池位置储库地面($z=0$ m)上偏二甲肼质量分数分布、爆炸浓度区域分布情况图。

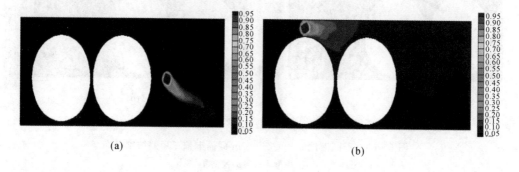

(a)　　　　　　　　　　　　　　　　　　(b)

图6-63　不同液池位置时$z=0$ m截面上偏二甲肼浓度分布
(a)模型Ⅰ；　(b)模型Ⅲ

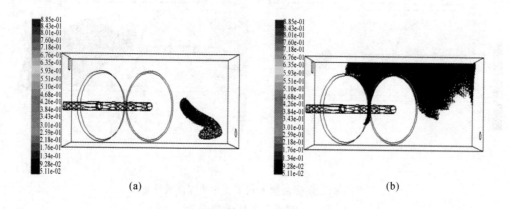

(a)　　　　　　　　　　　　　　　　　　(b)

图6-64　不同液池位置时爆炸浓度区域分布
(a)模型Ⅰ；　(b)模型Ⅲ

由图6-63可以看出，不同液池位置，其在储库内扩散结果不同，这是由于偏二甲肼气体的扩散方向与液池表面的速度方向相同，而不同位置的速度方向不同，因此不同液池位置，偏二甲肼扩散状态也不同。由图6-64可以看出，模型Ⅲ的爆炸浓度区域要大于模型Ⅰ，这也可以从速度矢量图中找到原因。模型Ⅲ液池所处中心位置速度值比模型Ⅰ液池中心位置速度值大，因此，模型Ⅲ高浓度区域扩散范围要较模型Ⅰ大。

(3)排风速度的影响。图6-65和图6-66所示分别为不同排风速度时，监测线上偏二甲肼质量分数和储库内爆炸浓度区域分布情况图。

由图6-65可以看出，不同排风速度时，监测线浓度分布趋势基本相同，但速度较大时，浓度亦较大。其原因是排风速度越大，进风口速度越大，使整个储库内气体湍流越剧烈，气体扰动越大，同时储库内循环气流速度也越大，带动更多的偏二甲肼气体流动到储库各点位，偏二甲肼分布均匀。由图6-66中$z=0$ m截面上速度矢量图可以看出，排风速度越大，地面速度也越大，使液池蒸发的偏二甲肼更容易被吹散。排风速度越高，储库内爆炸浓度区域越大。因此,在蒸发源没有得到有效处理时,盲目地增加排风速度是不合理的,应当在第一时间内控制源项。

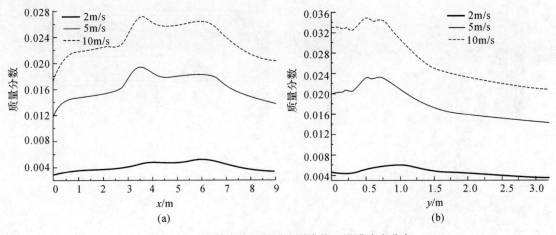

(a)　　　　　　　　　　　　　(b)

图 6 - 65　不同液池面积下监测线偏二甲肼浓度分布

(a)$y=1.4$ m,$z=1.5$ m;　(b)$x=6.5$ m,$z=1.5$ m

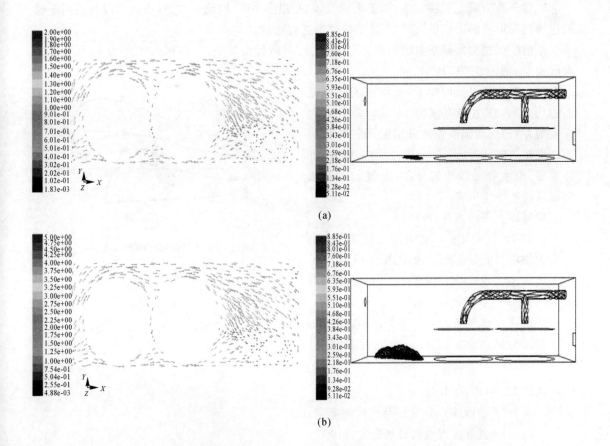

图 6 - 66　不同排风速度时 $z=0$ m 截面速度矢量与储库爆炸浓度区域图

(a)2 m/s;　(b)5 m/s;　(c)10 m/s

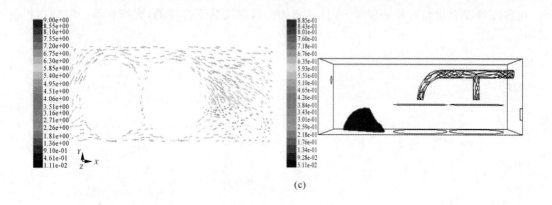

续图 6-66　不同排风速度时 $z=0$ m 截面速度矢量与储库爆炸浓度区域图

(c)10 m/s

6.5.4　蒸发扩散模型的验证与分析

扩散介质为偏二甲肼气体,属于重质气体,在温度 20℃ 时比空气重,所以可以与适用于模拟连续泄漏形成的重气扩散[33-34]的平板模型进行比较。

平板模型把初始源常假设为长方形,重气云羽横截面为矩形,横风向半宽为 b,垂直方向高度为 h',如图 6-67 所示。

平板模型假设条件如下:重气云羽的横截面积为矩形,横方向宽度为 $2b(\text{m})$,垂直方向高度为 $h'(\text{m})$,泄漏源点处云羽横风向半宽 b_0 为高度 h_0 的两倍;重气云羽横截面内,密度、气体浓度、温度等参数均匀分布;重气云羽的轴向蔓延速度等于风速。

根据以上假设条件,可得到:

(1) 初始流量体积。初始流出的重气云羽密度为物质的泄漏密度,初始流量体积为:

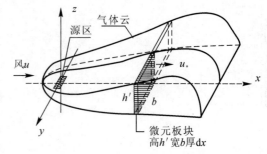

图 6-67　定常板块模型示意图

$$V = Q/(\pi \rho_0) \qquad (6-17)$$

式中　Q——泄漏率,kg/s;

　　　ρ_0——重气云的初始密度,kg/m³。

又因为 $V = 2b_0 h'_0 u$,$b_0 = 2h'_0$,可求出

$$b_0 = \sqrt{V/u} \qquad\qquad (6-18)$$

从而 h'_0 可由 b_0 求出。

式中　b_0——泄漏源点重气云羽横风向半宽,m;

　　　h'_0——泄漏源点重气云羽高度,m;

　　　u——重气云的轴向蔓延速度(等于风速),(m/s)。

(2) 下风向重气云羽横截面半宽。随着空气的进入,不仅毒气的横向 b 尺寸要增加,高度 h' 也要增加,其下风向任意距离 x 处的重气云羽横截面半宽计算公式为:

$$b = b_0 \left\{ 1 + 1.5 \left[\frac{g h_0 (\rho_0 - \rho_a)}{\rho_a} \right]^{1/2} \frac{x}{u b_0} \right\}^{2/3} \qquad (6-19)$$

式中　b——重气云羽的横风向半宽，m；

　　　ρ_a——空气的密度，kg/m³。

（3）文献[35]中使用浮力通量和体积通量，计算得到重气云羽高度的变化式：

$$\begin{cases} h = a u_*^2 u^{-1} B_0^{-1/3} x^{4/3} \\ B_0 = \dfrac{g (\rho_0 - \rho_a)}{\rho_a} \cdot \dfrac{V'_0}{\pi} \\ V'_0 = 2 b_0 h_0 u \end{cases} \qquad (6-20)$$

式中　h——重气云团的高度，m；

　　　a——常数（取 1.0）；

　　　u_*——摩擦风速，m/s（一般取高度 10m 处平均风速的 10%）；

　　　B_0——浮力通量，m⁴/s³；

　　　V'_0——初始气云体积通量，m³/s。

（4）重气云羽稀释体积增大，由于在云羽横截面上物质通量守恒，重气云羽中浓度 C 可下式计算：

$$C = \frac{b_0 h_0 \rho_0}{b h} \qquad (6-21)$$

（5）根据偏二甲肼爆炸上、下限以及健康危害浓度，分别计算出相应的下风向距离以及危害浓度所覆盖的范围。

$$A = 2 \int_0^x b \, \mathrm{d}x \qquad (6-22)$$

将式子（6-19）代入并积分得到：

$$A = 2 \left\{ \left[\frac{3}{5} b_0 (1 + 1.5 \varphi x)^{5/3} \frac{1}{1.5 \varphi} \right] - \frac{1}{1.5 \varphi} \frac{3}{5} b_0 \right\} \qquad (6-23)$$

其中：$\varphi = \left[\dfrac{g h' (\rho_0 - \rho_a)}{\rho_a} \right]^{1/2} \dfrac{1}{u b_0}$

考虑到平板模型对风速、风向的要求，建立合适的模型，如图6-68所示。

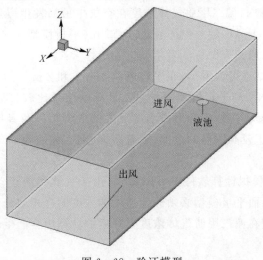

图 6-68　验证模型

该模型空间长×宽×高＝11.5 m×4.66 m×3.4 m,前、后均为通风口,采用平行进风与排风的通风方式,假设在地面形成一半径为0.23 m的圆形偏二甲肼液池,且偏二甲肼气体以0.2 m/s的速度垂直向上蒸发。

选取自燃浓度下限、最易引爆浓度、爆炸浓度下限作为计算浓度设定值,见表6-5。

表6-5　偏二甲肼爆炸浓度　　　　　（单位:mg/m³）

项目	浓度值	危险危害
自燃浓度下限	231 525	与纯二氧化氮气体接触常温下即自燃
最易引爆浓度	180 075	在空气中遇火源最易引爆
爆炸浓度下限	64 312.5	遇火源发生爆炸

在取平均风速1 m/s和2 m/s两种情况下,分别使用上述平板模型和FLUENT软件计算偏二甲肼自燃浓度下限、最易引爆浓度、爆炸浓度下限在下风向的最大距离,结果见表6-6。

表6-6　扩散模拟计算结果对比

风速	自燃浓度下限距离/m		最易引爆浓度距离/m		爆炸浓度下限距离/m	
	FLUENT	平板模型	FLUENT	平板模型	FLUENT	平板模型
1 m/s	3.35	3.4	8.1	4.6	>11.5	6.8
2 m/s	2.26	2.4	3.5	2.7	>11.5	4.8

在平均风速1 m/s条件下,泄漏点下风向约3.35 m(平板模型3.4 m)的范围内,偏二甲肼气体浓度达到自燃的下限,与纯二氧化氮气体接触可能发生自燃;泄漏点下风向约8.1 m(平板模型4.6 m)的范围内,偏二甲肼气体浓度在空气中最易发生爆炸,遇火源发生蒸气云爆炸的概率非常大;泄漏点下风向超过储库长度11.5 m(平板模型6.8m)的范围内,偏二甲肼气体浓度达到爆炸的下限,遇到火源可能发生蒸气云爆炸。

在平均风速2 m/s条件下,泄漏点下风向约2.26 m(平板模型2.4 m)的范围内,偏二甲肼气体浓度达到自燃的下限,与纯二氧化氮气体接触可能发生自燃;泄漏点下风向约3.5 m(平板模型2.7 m)的范围内,偏二甲肼气体浓度在空气中最易发生爆炸,遇火源发生蒸气云爆炸的概率非常大;泄漏点下风向超过储库长度11.5 m(平板模型4.8 m)的范围内,偏二甲肼蒸气浓度达到爆炸下限,遇到火源可能发生蒸气云爆炸。

通过对比模拟计算结果可以看出,在平均风速1 m/s和2 m/s两种条件下,偏二甲肼自燃下限浓度距离在FLUENT和平板模型两种方法计算的结果比较接近,偏二甲肼高浓度范围扩散计算得到验证。最易引爆浓度和爆炸浓度下限的危害距离两者偏差逐步拉大,表明平板模型计算结果只能适用于较高浓度的范围,随着距离拉长,偏二甲肼气体浓度降低时,其计算结果偏差较大。

同时,在FLUENT模拟计算软件中可以看到,由于气体湍流运动的影响,偏二甲肼气体在整个储库内都有分布,而平板模型必须假定速度和浓度的自相似分布,在气体浓度范围外假设不存在气体的扩散,这在偏二甲肼气体浓度下降后的计算中会产生较大的误差,具有很大的不确定性。

6.6　储库内四氧化二氮球形储罐泄漏扩散模拟

6.6.1　储存泄漏案例描述

某单位的液体推进剂储存于洞库中,洞库横截面为"门形",如图 6-69 所示,洞库深 20 m,长×宽×高＝20 m×6 m×6 m。设洞库中存放一个球形储罐,球罐直径 2 m,储罐内充氮 0.05 MPa 保护,洞库保持自然通风。模拟推进剂连续泄漏,即现实情况中推进剂泄漏没有及时被发现或者没有得到及时处理,导致推进剂泄漏较长时间。储库模型结构及网格化如图 6-70 所示。

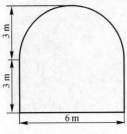

图 6-69　洞库横截面

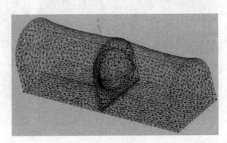

图 6-70　储库模型结构及网格化图

6.6.2　储存泄漏模拟计算

假设在长期储存中,由于罐体缺陷引起腐蚀形成穿孔,导致推进剂泄漏,泄漏口位于球罐右侧,泄漏孔直径 0.04 m。液体推进剂(N_2O_4)以 0.307 9 kg/s 平均泄漏速率持续泄漏 30 min 以上,入口通风为平行风(实际情况并非如此),平均风速 5 m/s。

应用 FLUENT 计算出泄漏时泄漏口处的速度矢量情况,如图 6-71 所示。从图 6-71(a) 可以看出,在储罐两侧风速最大,在储罐前面一个小区域内风速较低,而在储罐后方 5~10 m 的距离内,部分区域风速比周围风速要低很多,而且有明显的涡旋现象,这是由于储罐的阻挡和摩擦阻力的存在。在空气总流量不变的情况下,通道截面积变小,使得风速突然增大,这些地方与周围的气流交换不畅,使得气流从球罐四周的狭窄通道绕过球罐后迅速向球罐后方区域补充形成涡流,因此可以推测,当推进剂发生泄漏时,在这些区域的扩散会比较缓慢。另外,从图 6-71(b)(c)(d)中可以看出,推进剂泄漏速度明显高于环境风速,由于推进剂泄漏扩散速度大,使得球罐右侧区域的速度大于左侧区域。

在安全研究中,笔者更关注液体推进剂泄漏后采取应急措施时的安全区域和不同区域的安全作业时间限制,因此用 TLUENT 计算出连续泄漏时洞库内推进剂气体扩散的浓度分布。为了更加直观地表达应急极限浓度区域,分别计算出 10 min,30 min,60 min 应急暴露极限浓度和工作环境中最大允许浓度值的覆盖范围。图 6-72~图 6-73 所示为连续泄漏时,泄漏口后洞库中不同距离处应急极限浓度分布范围,其中深色部分表示该区域的推进剂浓度大于应急极限浓度。

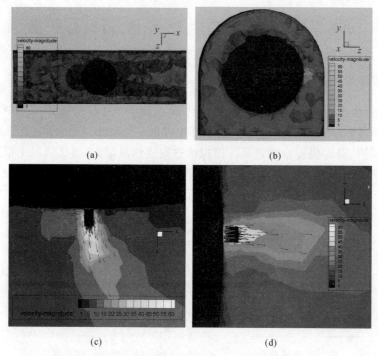

(a)　　　　　　　　　　　　　　(b)

(c)　　　　　　　　　　　　　　(d)

图 6-71　液体推进剂泄漏口处速度矢量图

(a)泄漏口主截面速度矢量视图；　(b)泄漏口横截面速度矢量视图；

(c)泄漏口主截面速度矢量局部放大视图；　(d)泄漏口横截面速度矢量局部放大视图

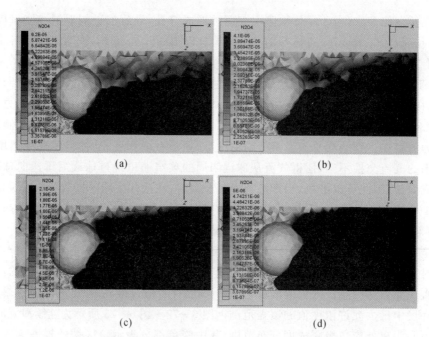

(a)　　　　　　　　　　　　　　(b)

(c)　　　　　　　　　　　　　　(d)

图 6-72　液体推进剂连续泄漏洞库中泄漏口截面上推进剂浓度分布

(a)库中储罐泄漏口截面 $C_{N_2O_4} \geqslant 62mg/m^3$ 分布；　(b)库中储罐泄漏口截面 $C_{N_2O_4} \geqslant 41mg/m^3$ 分布；

(c)库中储罐泄漏口截面 $C_{N_2O_4} \geqslant 21mg/m^3$ 分布；　(d)库中储罐泄漏口截面 $C_{N_2O_4} \geqslant 5mg/m^3$ 分布

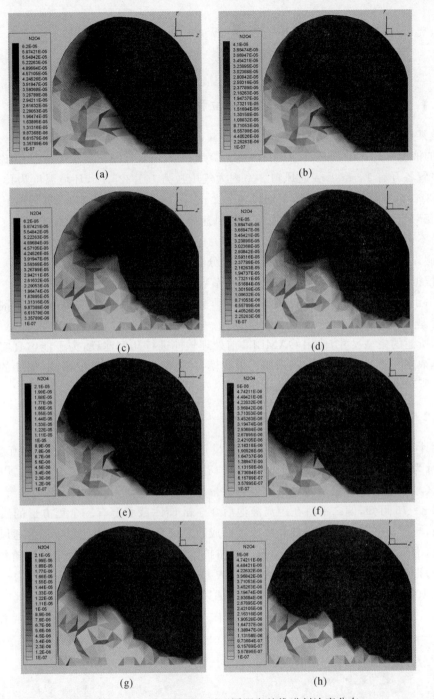

图 6-73　连续泄漏泄漏口后不同距离处推进剂浓度分布

(a)储罐泄漏口后 5m 距离处库截面 $C_{N_2O_4} \geqslant 62\ mg/m^3$ 分布；；　(b)储罐泄漏口后 5m 距离处库截面 $C_{N_2O_4} \geqslant 41\ mg/m^3$ 分布；

(c)储罐泄漏口后 3m 距离处库截面 $C_{N_2O_4} \geqslant 62mg/m^3$ 分布；　(d)储罐泄漏口后 3m 距离处库截面 $C_{N_2O_4} \geqslant 41mg/m^3$ 分布；

(e)储罐泄漏口后 5m 距离处库截面 $C_{N_2O_4} \geqslant 21mg/m^3$ 分布；　(f)储罐泄漏口后 5m 距离处库截面 $C_{N_2O_4} \geqslant 5mg/m^3$ 分布；

(g)储罐泄漏口后 3m 距离处库截面 $C_{N_2O_4} \geqslant 21mg/m^3$ 分布；　(h)储罐泄漏口后 3m 距离处库截面 $C_{N_2O_4} \geqslant 5mg/m^3$ 分布

6.7　偏二甲肼与四氧化二氮泄漏
扩散数值模拟对比分析

6.7.1　推进剂泄漏扩散几何模型的建立和网格生成

假设某单位的液体推进剂因意外发生泄漏,在紧靠前壁的地面中间处形成一个直径为8.6 cm 的液池。储库的物理尺寸为长×宽×高＝11.5 m×4.66 m×3.4 m,在储库前后壁的正中央位置各开有 1 m×1 m 通风口。室内大气压强为 101 325 Pa,环境温度为18.9℃,相对湿度为53%,入口通风为平行风,平均风速为 2 m/s。当考虑风速影响时,进行如下假设:

(1)相对于声速,液体推进剂储库通风的风速要小得多,因此把液体推进剂分子的运动过程看作是不可压缩流体的运动;

(2)假设湍流量在时间和空间内都是随机分布的,具有统计规律性;

(3)根据 Boussinesq 假设,使用湍流黏性系数 μ_t 来表征大气的湍流性质;

(4)由于储库的空气相对比较稳定,因此不考虑大气稳定度的影响,忽略推进剂气体与空气的温度差异。

根据所建的模型尺寸,使用 GAMBIT 前处理软件进行几何建模,为了能够真实地反映推进剂气体浓度在储库空间的分布,采用三维建模,并忽略储库结构等的影响,储库的横截面如图 6-74 所示,构建的几何模型及尺寸如图 6-75 所示。

6.7.2　偏二甲肼 CFD 模拟结果与分析

利用计算流体力学软件 FLUENT 对所设计的偏二甲肼计算模型进行数值模拟,如图6-76所示为发生泄漏形成液池后,1 700 s 时(达到稳态)距离液池下风处的偏二甲肼质量分数,图中区域颜色越深表示该区域偏二甲肼质量分数越高。

由图 6-76 可知,偏二甲肼在距离液池后 0.5 m 储库截面上有一个正方形的质量分数很低的区域,与周边的偏二甲肼质量分数浓度形成明显梯度,这是因为此正方形为通风口风速通过的区域,由于风速强迫对流的影响,偏二甲肼扩散到正方形区域时被风带走。随着距离的增大,风速的影响减弱,正方向区域的偏二甲肼浓度逐渐增大,慢慢与周围区域融为一体。当距离液池后 10 m 时,由于后壁上存在与正方形通风口相对应的排风口,此时含有偏二甲肼的空气从排风口排出,正方形区域与周围区域空气融为一体,偏二甲浓肼浓度差也完全消失。

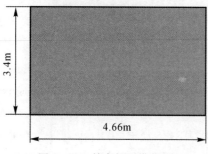

图 6-74　储存场所横截面

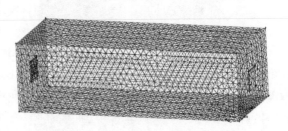

图 6-75　储存场所模型结构及网格化图

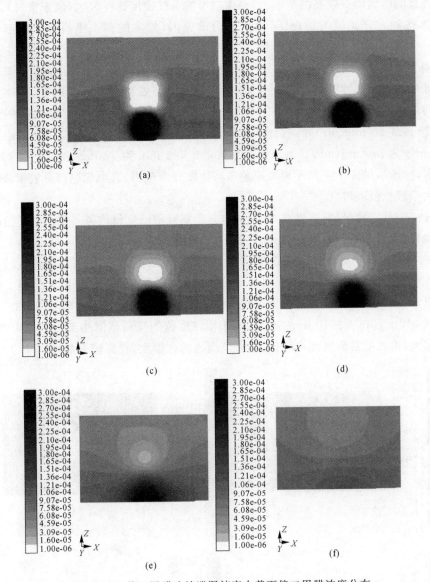

图 6-76 偏二甲肼连续泄漏储库中截面偏二甲肼浓度分布

(a)液池后 0.5 m 距离储库截面偏二甲肼质量分数图； (b)液池后 1 m 距离储库截面偏二甲肼质量分数图；

(c)液池后 2 m 距离储库截面偏二甲肼质量分数图； (d)液池后 3 m 距离储库截面偏二甲肼质量分数图；

(e)液池后 5 m 距离储库截面偏二甲肼质量分数图； (f)液池后 10 m 距离储库截面偏二甲肼质量分数图

由图 6-76(a)可以发现,在距离液池后 0.5 m 距离储库截面上有一个近似圆形的偏二甲肼质量分数很高的区域,这是因为此区域处与液池同处于一个轴线上,与液池距离最近,偏二甲肼蒸发后在未充分扩散时蒸气积聚于此区域。随着距离的增大,偏二甲肼逐渐得到有效扩散,该轴线区域的偏二甲肼浓度也相应降低,到最后与相邻区域逐渐融为一体,如图 6-76(f)所示。

由图 6-76(a)～(f)都可以发现,偏二甲肼浓度在截面自下而上的区域呈逐渐降低的趋势,这主要由两个因素造成。一是偏二甲肼泄漏后在地面形成液池,因此偏二甲肼蒸发后在离地面相对较近的区域形成较高的浓度；二是偏二甲肼蒸气密度比空气大（属于重气），即使在偏二甲肼气体得到充分扩散的情况下，由于重力的原因，较多的偏二甲肼分子沉落于空气的下层。

由于偏二甲肼是有毒气体，在偏二甲肼泄漏后，笔者更关注偏二甲肼泄漏后采取应急措施时的安全区域和不同区域的安全作业时间限制，因此有必要在此案例中用 FLUENT 计算出连续泄漏时储库内偏二甲肼气体扩散的浓度分布，为了更加直观地表达应急极限浓度区域，分别计算出 10 min、30 min、60 min 应急暴露极限浓度值的覆盖范围。偏二甲肼的应急暴露极限值是 10 min 为 240 mg/m³，30 min 为 120 mg/m³，60 min 为 72 mg/m³。图 6 - 77 所示为连续泄漏时，液池后储库中不同距离处应急极限浓度分布范围，其中深色部分表示该区域的推进剂浓度大于应急极限浓度。

由图 6 - 77 可以看出，偏二甲肼 10 min 应急暴露极限浓度值的覆盖范围一开始随着距离的增大而加大，而后又逐渐减少，到距离液池 10 m 处时（见图 6 - 77(g)）已基本消失。这是由于偏二甲肼 10 min 应急暴露极限浓度值是一个比较高的浓度，偏二甲肼在液池直径为 8.6 cm 这样一个较小面积蒸发产生的偏二甲肼蒸气量不是很大，同时通风口出口处的偏二甲肼气体又不断排出，因此偏二甲肼气体在扩散过程中是一个浓度逐步稀释的过程。当偏二甲肼稀释的浓度达到 240 mg/m³ 时，10 min 应急暴露极限浓度值的覆盖范围达到一个最大值，而后随着距离的增大，偏二甲肼浓度逐步降低，覆盖范围也随之缩小，直到慢慢消失。

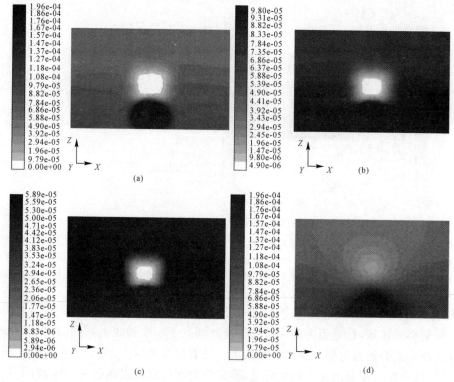

图 6 - 77　连续泄漏时，液池后不同距离处 UDMH 应急极限浓度分布范围
(a)液池后 1 m 距离储库截面 $C_{UDMH} \geqslant 240$ mg/m³ 分布；
(b)液池后 1 m 距离储库截面 $C_{UDMH} \geqslant 120$ mg/m³ 分布；

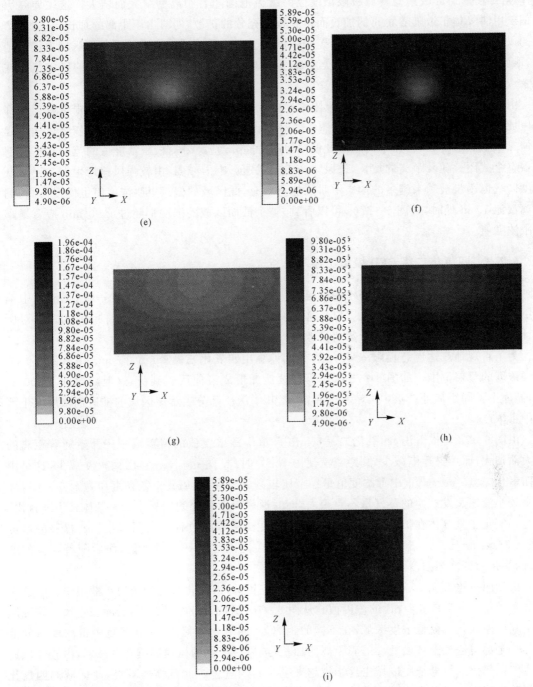

续图 6-77　连续泄漏时,液池面积后不同距离处 UDMH 应急极限浓度分布范围

(c)液池后 1 m 距离储库截面 $C_{\text{UDMH}} \geqslant 72$ mg/m³ 分布；　(d)液池后 5 m 距离储库截面 $C_{\text{UDMH}} \geqslant 240$ mg/m³ 分布；

(e)液池后 5 m 距离储库截面 $C_{\text{UDMH}} \geqslant 120$ mg/m³ 分布；　(f)液池后 5 m 距离储库截面 $C_{\text{UDMH}} \geqslant 72$ mg/m³ 分布；

(g)液池后 10 m 距离储库截面 $C_{\text{UDMH}} \geqslant 240$ mg/m³ 分布；　(h)液池后 10 m 距离储库截面 $C_{\text{UDMH}} \geqslant 120$ mg/m³ 分布；

(i)液池后 10 m 距离储库截面 $C_{\text{UDMH}} \geqslant 72$ mg/m³ 分布

偏二甲肼 30 min 应急暴露极限浓度值的覆盖范围随着距离的增大而增大。这主要是因为偏二甲肼气体扩散随着距离的加长而得到较为充分的扩散,同时由于距离的加长,进风口产生的风速影响力也在减弱。在近处由于较强风速引起的低浓度偏二甲肼正方形区域也慢慢消失,取而代之的是较高的偏二甲肼浓度区域,偏二甲肼浓度值达到 120 mg/m³ 的区域范围在扩大。

由于偏二甲肼 60 min 应急暴露极限浓度值相应较低,偏二甲肼的快速扩散很快就让大部分区域达到 72 mg/m³ 的浓度值。从图 6 - 77(d)(f)(i)可以看到,若除去进风口较强风速引起的偏二甲肼低浓度区域,在不同距离处偏二甲肼 60 min 应急暴露极限浓度值的范围几乎全部覆盖整个截面。随着距离的加长,进风口产生的风速影响力减弱,由较强风速产生偏二甲肼低浓度区域也逐步被越来越多的偏二甲肼气体所填充,此区域的偏二甲肼浓度值也慢慢升高,到距离液池 10 m 处时,从图 6 - 77(i)可以看到,整个截面区域的浓度都超过了 60 min 应急暴露极限浓度值。

6.7.3 四氧化二氮 CFD 模拟结果与分析

四氧化二氮的几何模型和网格生成与 6.7.1 节偏二甲肼所设置的保持一致,把液池中偏二甲肼及其蒸发速率改成四氧化二氮及其蒸发速率。利用计算流体力学软件 FLUENT 对所设计的四氧化二氮计算模型进行数值模拟。

为了直观地表达应急极限浓度区域,分别计算出四氧化二氮 5 min,15 min 单次暴露严重中毒浓度的覆盖范围。如图 6 - 78 所示为连续泄漏形成液池后达到稳态(泄漏时间 1 300 s)时,储库中不同距离处严重中毒浓度分布范围,其中深色部分表示该区域的推进剂浓度大于严重中毒浓度。

由图 6 - 78 可以看出,四氧化二氮 5 min 严重中毒浓度值的覆盖范围一开始随着距离的增大而加大,而后又逐渐减少,到距离液池 10 m 处时(见图 6 - 78(e))已大幅度减少,这是由于四氧化二氮 5 min 严重中毒浓度值是一个比较高的浓度,四氧化二氮在直径为 8.6 cm 这样一个较小液池蒸发产生的蒸气量不是很大,同时通风口出口处的四氧化二氮气体又不断排出,因此四氧化二氮气体在扩散过程中,浓度是一个逐步稀释的过程。当四氧化二氮稀释的浓度达到 188.1 mg/m³ 时,5 min 严重中毒浓度值覆盖范围达到一个最大值,而后随着距离的增大,四氧化二氮气体浓度逐步降低,覆盖范围也随之缩小。

由于四氧化二氮 15 min 严重中毒浓度值相应较低,四氧化二氮的快速扩散很快就能让大部分区域达到 94.05 mg/m³ 的浓度值。从图 6 - 78(b)(d)(f)可以看到:若除去进风口较强风速引起的四氧化二氮低浓度区域,在不同的距离处,四氧化二氮 15 min 严重中毒浓度值的范围几乎全部覆盖整个截面处。随着距离的加长,进风口产生的风速影响力在减弱,由较强风速产生的四氧化二氮低浓度区域也逐步被越来越多的四氧化二氮气体所填充,此区域的四氧化二氮浓度值也慢慢升高,到距离液池 10 m 处时,从图 6 - 78(f)可以看到,整个截面区域的浓度都超过了 15 min 严重中毒浓度值。从此分析中可以看出,四氧化二氮一旦泄漏,地面上液池蒸发产生的蒸气具有非常强的毒性,进入储库紧急抢修的人员必须采取有效措施进行防护。

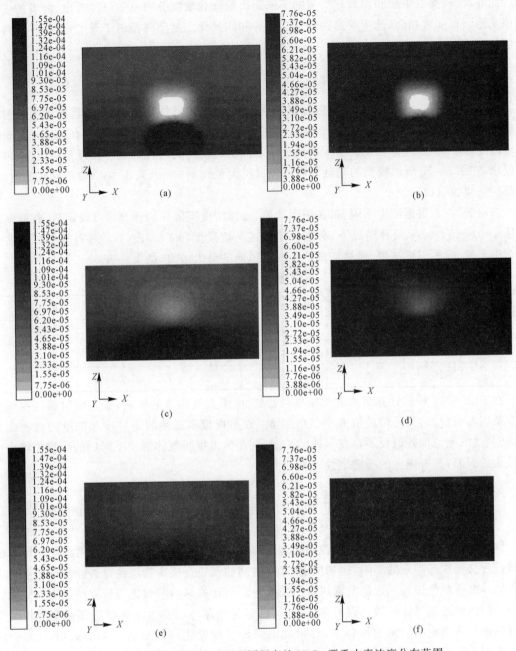

图 6-78 连续泄漏时液池后不同距离处 N_2O_4 严重中毒浓度分布范围

(a)液池后 1 m 距离储库截面 $C_{N_2O_4} \geqslant 188.1$ mg/m³ 分布；

(b)液池后 1 m 距离储库截面 $C_{N_2O_4} \geqslant 94.05$ mg/m³ 分布；

(c)液池后 5 m 距离储库截面 $C_{N_2O_4} \geqslant 188.1$ mg/m³ 分布；

(d)液池后 5 m 距离储库截面 $C_{N_2O_4} \geqslant 94.05$ mg/m³ 分布；

(e)液池后 10 m 距离储库截面 $C_{N_2O_4} \geqslant 188.1$ mg/m³ 分布；

(f)液池后 10 m 距离储库截面 $C_{N_2O_4} \geqslant 94.05$ mg/m³ 分布

此外,比较偏二甲肼和四氧化二氮的不同距离截面处浓度分布范围可以看出,两者的变化规律及原因都非常相似,这主要是因为偏二甲肼和四氧化二氮蒸气都属于重气,且两者蒸气密度值相差不大。

6.7.4 与平板模型的比较

由于偏二甲肼和四氧化二氮蒸气都属于重气,两者的扩散规律也类似,故选择其中一种与平板模型比较即可。假设液体推进剂偏二甲肼泄漏,在储库地面形成一个半径为 0.23 m 的圆形液池,偏二甲肼气体以 0.2 m/s 的速度垂直向上蒸发。同时考虑到平板模型对风速、风向的要求,在图 6-75 所示模型的基础上把通风口扩大至长 4.66 m、高 3.4 m(即把储库的前、后壁都扩展成通风口)。

选取表 6-5 自燃浓度下限、最易引爆浓度、爆炸浓度下限作为计算浓度设定值,在取平均风速 1 m/s 和 2 m/s 两种情况下,分别使用上述平板模型和 FLUENT 软件计算偏二甲肼自燃浓度下限、最易引爆浓度、爆炸浓度下限在下风向的最大距离,结果见表 6-7。

表 6-7 扩散模拟计算结果对比

泄漏条件	自燃浓度下限/m		最易引爆浓度/m		爆炸浓度下限/m	
	FLUENT	平板模型	FLUENT	平板模型	FLUENT	平板模型
1 m/s	3.35	3.4	8.1	4.6	超过 11.5	6.8
2 m/s	2.26	2.4	3.5	2.7	超过 11.5	4.8

在 FLUENT 模拟计算结果软件中可以看到,由于大气湍流的影响,偏二甲肼蒸气在整个储存空间都有分布,只是浓度值大小存在差异。而平板模型必须假定速度和浓度的自相似分布,在蒸气浓度范围外假设不存在气体的扩散,这在偏二甲肼气体浓度下降后的计算中将会产生较大的误差,具有很大的不确定性。

6.8　液体推进剂扩散影响因素的数值分析

储存环境下的液体推进剂意外泄漏在地面形成液池,其蒸发形成的气体在储存环境中的扩散过程受到许多因素的影响,比如泄漏时间(时间的长短直接影响液池是否能持续向空气中挥发液体推进剂气体)、风速以及通风口的位置等。对这些影响参数进行研究可以更好地认识和理解液体推进剂气体扩散过程的本质,同时也可为储存环境发生液体推进剂泄漏时提供及时有效的预防措施和应急救援预案,尽可能地降低事故发生后的危害。本节采用 FLUENT 数值模拟方法,重点研究泄漏时间、风速以及通风口位置对液体推进剂扩散过程的影响规律。

6.8.1 泄漏时间对液体推进剂扩散的影响

1. 泄漏时间对偏二甲肼气体扩散的影响

当偏二甲肼意外发生泄漏时,其环境条件是一定的,泄漏时间直接决定液池中偏二甲肼蒸发总量,为了更深入地了解不同时刻偏二甲肼气体在储库中的空间浓度分布,对偏二甲肼扩散进行数值模拟。案例情况与 6.7 节相同,得到地面距离液池 3m 处中心点在不同时刻下的偏二甲肼浓度分布,如图 6-79 所示。

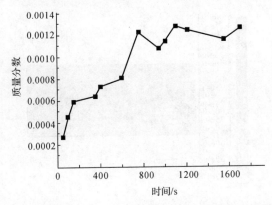

图 6-79　地面距离液池 3 m 处中心点在不同时刻下的偏二甲肼质量分数图

　　从图 6-79 可以看出，在泄漏的初始阶段，地面距离液池 3 m 处中心点的偏二甲肼浓度随时间的增加而增大，主要是因为偏二甲肼气体在空间的扩散是一个持续的过程，在开始的一段时间内到达该位置的偏二甲肼分子数大于从该点向外扩散的分子数；而当该点的偏二甲肼质量分数达到 0.001 2 左右时，该浓度保持一个较小的范围内波动，主要是因为在该浓度情况下，由于通风风速的影响，到达该位置的偏二甲肼分子数几乎等于从该点向外扩散的分子数。

　　当发生泄漏时，笔者对储库地面上的偏二甲肼浓度同样非常感兴趣，因为对于偏二甲肼（属于重气），由于重力沉降的原因，地面上的偏二甲肼浓度相对其他平行面都要大。图 6-80 所示是不同时刻偏二甲肼在储库地面上的浓度分布。

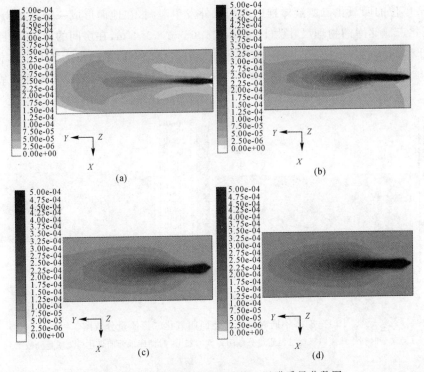

图 6-80　不同时刻储库地面偏二甲肼质量分数图

（a）50 s 时储库地面偏二甲肼质量分数图；　（b）250 s 时储库地面偏二甲肼质量分数图

（c）1 050 s 时储库地面偏二甲肼质量分数图；　（d）1 400 s 时储库地面偏二甲肼质量分数图

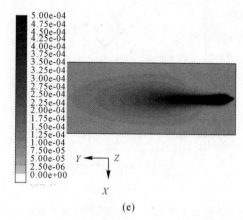

(e)

续图 6-80　不同时刻储库地面偏二甲肼质量分数图

(e)1 800 s 时储库地面偏二甲肼质量分数图

在泄漏的初始阶段,由于储库内几乎没有偏二甲肼气体(或气体含量比较低),随着时间的延续,偏二甲肼在各空间位置的浓度也随之增大,这从图 6-80(a)(b)的变化情况可以明显看出。当储库中空间位置的偏二甲肼浓度达到一定范围时,偏二甲肼的蒸发量与通风口排出的偏二甲肼气体量相当,偏二甲肼在储库中的浓度达到一个动态平衡阶段,各空间位置的偏二甲肼浓度保持在一个很小的范围内波动,不随时间的增长而变化,如图 6-80(d)至(e)所示的变化情形就属于此类情况。

2. 泄漏时间对四氧化二氮气体扩散的影响

假设某单位的四氧化二氮液体推进剂因意外发生泄漏,在地面形成一个直径为 8.6 cm 的液池,四氧化二氮储库的物理尺寸为 11.5 m×4.66 m×3.4 m,在房间的前、后壁距离地面的正中央各开有 1 m×1 m 通风口。室内大气压强为 101 325 Pa,环境温度为 291.9 K,相对湿度为53%,入口通风为平行风,平均风速为 2 m/s。图 6-81 所示为不同时刻储库地面四氧化二氮质量分数图。

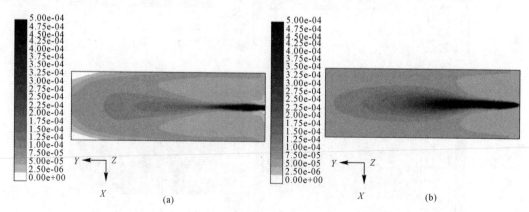

(a)　　　　　　　　　　　　　　　(b)

图 6-81　不同时刻储库地面四氧化二氮质量分数图

(a)50 s 时储库地面四氧化二氮质量分数图;　(b)250 s 时储库地面四氧化二氮质量分数图

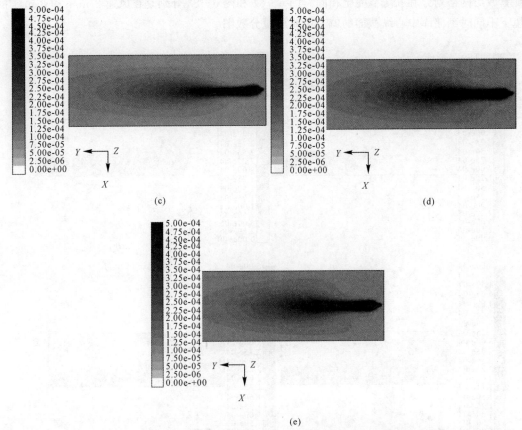

续图 6 - 81　不同时刻储库地面四氧化二氮质量分数图

(c)1 000 s 时储库地面四氧化二氮质量分数图；　(d)1 500 s 时储库地面四氧化二氮质量分数图；

(e)1 800 s 时储库地面四氧化二氮质量分数图

从图 6 - 78(a)(b)可以看到,由于四氧化二氮气体持续扩散,储库地面上的四氧化二氮浓度一开始随时间的增加而增大;而当储库地面上的浓度达到一定范围时,其浓度不随时间的变化而变化,这主要是由于通风造成从地面上各处进入的四氧化二氮气体分子数与排出的分子数相当,四氧化二氮气体浓度达到一个动态平衡阶段。若地面液池的四氧化二氮蒸发完毕,地面各处的浓度将快速减低,直至含量与大气相当。从储库地面上的四氧化二氮浓度随时间变化可以看出,其变化规律与偏二甲肼的扩散是相同的。

从偏二甲肼和四氧化二氮浓度随时间变化的规律可知,若储库发生泄漏,及时采取措施控制泄漏源,减少气体蒸发量可降低推进剂气体在空间的浓度,从而减少泄漏对人员和环境的损害。

6.8.2　风速对液体推进剂扩散的影响

从理论分析来看,风的平流输运作用对于液体推进剂气体的扩散占主导地位。为研究风速对液体推进剂气体扩散的影响,选取与 6.7 节相同的案例情况,基本计算条件不变,在数值模拟中液池面积、环境条件等其他的影响因素保持不变,将风速增大至 8 m/s,将其计算结果与 6.7 节结果进行比较,考察风速对液体推进剂扩散过程的影响。为了使计算结果便于比较,采用的计算域与网格划分和 6.7 节完全相同。图 6‑82 和图 6‑83 分别是在风速 2 m/s 和 8 m/s 的环境下不同时刻储库中心纵截面的偏二甲肼质量分数图。

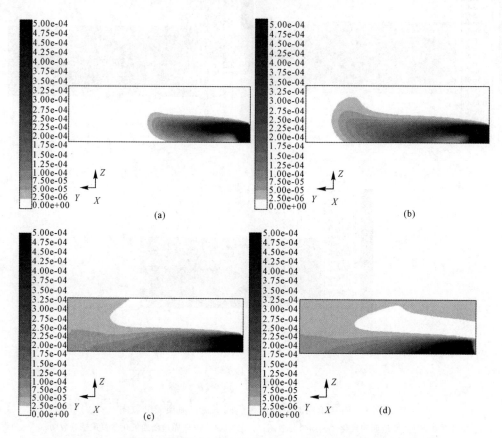

图 6‑82　风速 2 m/s 环境下不同时刻储存中心纵截面偏二甲肼质量分数图

(a)9 s 时储库中心纵截面偏二甲肼质量分数图；　(b)18 s 时储库中心纵截面偏二甲肼质量分数图

(c)50 s 时储库中心纵截面偏二甲肼质量分数图；　(d)100 s 时储库中心纵截面偏二甲肼质量分数图

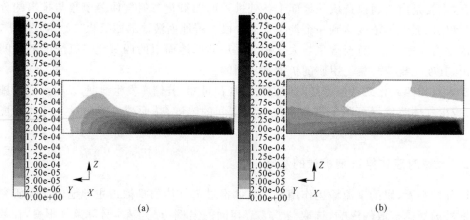

图 6‑83　风速 8 m/s 环境下不同时刻储库中心纵截面偏二甲肼质量分数图

(a)9 s 时储库中心纵截面偏二甲肼质量分数图；　(b)18 s 时储库中心纵截面偏二甲肼质量分数图

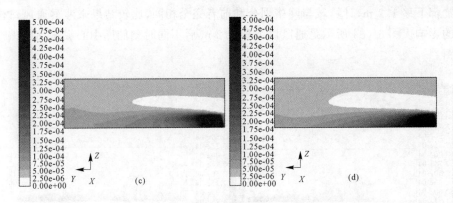

续图 6-83 风速 8 m/s 环境下不同时刻储库中心纵截面偏二甲肼质量分数图

(c)50 s 时储库中心纵截面偏二甲肼质量分数图；　(d)100 s 时储库中心纵截面偏二甲肼质量分数图

　　由于风速较大,所以液体推进剂气体将以更大的速度向下风向输运,在约 9s 时就几乎快到通风口出口处。比较图 6-83(a)和图 6-82(a)可以发现,当风速增大时,液体推进剂气体向下风向扩散速度加快,且高浓度区域也快速减少,即使在重力沉降的阶段,虽然重力起主导作用,由于风速的原因其顶部气云向下扩散也较快。随后,随着气体浓度降低,其相对密度也随之降低,重力扩展效应逐渐减弱直至最后几乎消失,气云底部的运动速度明显减小,而顶部气云的运动速度相对底部气云运动要迅速,形成头部抬升的状态(见图 6-83(a))。在相同的时间内,较大风速在下风向扩散的距离比低风速要快得多(见图 6-82(a)和图 6-83(a))。

　　产生上述现象主要是因为风的平流输运和湍流作用。风对液体推进剂气体有往下风向输运的作用,较高风速加强了气云的平流输运作用,这样降低了下风向位置处有害气体的浓度。相反,在低风速下,大气的平流输运作用较弱,所以气云向下风向的扩散距离相对高风速情形要小,高浓度气云在释放源附近停留时间更长。另外,高风速加剧了大气湍流运动。由于风速增大,湍流运动加剧,湍流扩散能力加强,气云的运动加剧,使气云浓度下降。

　　从液体推进泄漏事故后果及其造成危害性分析的观点来看,较高的风速将有利于液体推进剂气体的扩散,虽然在较短的时间内,有毒气体浓度能形成较大的危害面积,但是随着扩散的进行,较高有毒气体浓度的区域在较短的时间内就能迅速缩小。这说明在风速较大的条件下,虽然液体推进剂有毒危害区域相对较大,但是危害作用时间比较短。同时,当风速较小时,虽然液体推进剂气体对下风向远处影响的距离较短,但由于高浓度推进剂气云停留时间较长,发生燃烧、爆炸或中毒的可能性增大。因此,相比于高风速,低风速对液体推进剂气体扩散引起的后果要严重。

6.8.3　通风口位置对液体推进剂扩散的影响

　　液体推进剂在储存环境中发生泄漏后在地面上形成液池,而在扩散中主风向的平流输运作用起主导作用,因此通风口的位置势必影响液体推进剂气体扩散的方向以及气体在储存空间中的浓度分布。考虑到液体推进剂偏二甲肼和四氧化二氮气体都属于重气,若将通风口的位置适当下移,应该可以加快推进剂气体的扩散以及从通风口出口处排出。

　　为研究通风口位置对液体推进剂气体扩散的影响,选取与 6.7 节相同的案例情况,基本计算条件不变,固定影响因素如通风风速、通风口大小、液池面积、环境条件等,将通风口进口和出口处位置都下移 1.2 m,计算域与网格划分和前者完全相同,比较结果来考察通风口位置对扩散过程的影响。图 6-84 所示是通风口下移 1.2 m 后不同时刻储库中心纵截面的偏二甲肼质量分数图。

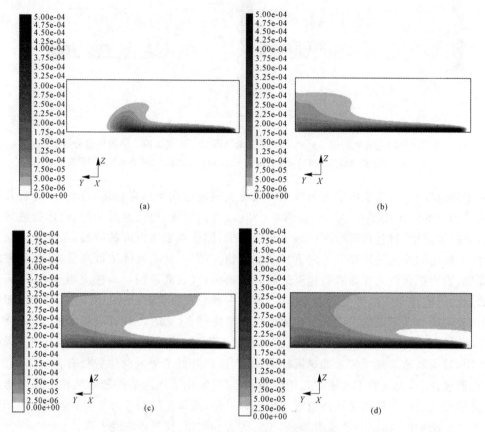

图 6-84　通风口下移 1.2 m 后不同时刻储库中心纵截面偏二甲肼质量分数图
(a)9 s 时储库中心纵截面偏二甲肼质量分数图；　(b)18 s 时储库中心纵截面偏二甲肼质量分数图
(c)50 s 时储库中心纵截面偏二甲肼质量分数图；　(d)100 s 时储库中心纵截面偏二甲肼质量分数图

在通风口位置,风更加贴近液池,从液池上方通过,液体推进剂气体将以更大的速度向下风向输运。比较图 6-82(a)和图 6-84(a)可以发现,在通风口位置,气云向下风向扩散速度加快,且高浓度区也以更快的速度减少,气体从液池蒸发后,几乎不在液池附近停留就随着风速往下风向运动。当偏二甲肼气体扩散到下风向一定距离时,由于风速的减弱,气体才开始朝上扩散,如图 6-84(a)(b)所示。从图 6-84(c)(d)可以看出,即使随时间的增长,高浓度区域也几乎没有任何增长,显示大部分推进剂气体已通过通风口迅速排出储库外。由于四氧化二氮气体也属于重气,因此可以分析下移通风口位置对四氧化二氮气体扩散规律的影响和偏二甲肼是相同的。

从液体推进泄漏事故后果及其造成危害性分析的观点来看,通风口位置下移将显著有利于液体推进剂气体的扩散,液体推进剂气体能快速排出储库外,特别是高浓度区域快速减少的特点能较大地降低液体推进剂意外事故的危害。因此,在设计储库时,可以充分考虑将通风口位置尽量下移,已建好的储库在工程条件允许的前提下,也可进行改造,降低通风口的位置。

数值模拟结果表明:在泄漏的初始阶段,液体推进剂气体浓度随时间的增长而加大,当空间的气体浓度达到一定范围时,其浓度处于一个动态平衡阶段,不随时间变化,并分析了其中缘由。风速对液体推进剂气体扩散的影响主要表现在,较高的风速在开始的较短时间内能使有毒气体浓度形成较大的危害面,而后随着扩散有毒气体迅速减少,较高有毒气体浓度的区域也将迅速缩小。通风口位置下移有利于液体推进剂气体在下风向的输运,使有害气体快速排出储库外,高浓度区域也能显著地快速减少。因此,若液体推进剂发生意外泄漏,加大排风风速、及时采取措施缩短泄漏时间可减少事故危害。在工程设计上,降低通风口位置或在已建好储库进行改造使通风口位置下移,亦可降低液体推进剂泄漏事故危害。

参 考 文 献

[1]　刘铁民,张兴凯,刘功智.安全评价方法应用指南[M].北京:化学工业出版社,2005.

[2]　黄智勇,罗锋,王煊军,等.储库内偏二甲肼蒸发扩散模型数值模拟[J].科技导报,2011,29(24):67 - 70.

[3]　沈艳涛,于建国.有毒有害气体泄漏的 CFD 数值模拟[J].化工学报,2007,58(3):745 - 749.

[4]　陈国华.风险工程学[M].北京:国防工业出版社,2007.

[5]　张乃禄,刘灿.安全评价技术[M].西安:西安电子科技大学出版社,2007.

[6]　胡世明,张政,魏利军,等.危险物质以外泄漏的重气扩散数学模拟(2)[J].劳动科学技术保护,2000,20(2):34 - 38.

[7]　郑远攀.工业危险物质(重气)扩散数学模型研究综述[J].安全与环境学报,2008,8(3):106 - 110.

[8]　沈艳涛,于建国.有毒有害气体泄漏的 CFD 数值模拟(Ⅰ)[J].化工学报,2007,58(3):745 - 749.

[9]　Hanlin A L, Koopman R P, Ermak D L. On the application of computational fluid dynamics codes for liquefied natural gas dispersion [J]. Journal of Hazardous Materials,2007:504 - 517.

[10]　Ohba R,Kouchi A,Hara T et al. Validation of heavy and light gas dispersion models for the safety analysis of LNG tank[J]. Journal of Loss Prevention in the Process Industries,2004,17:325 - 337.

[11]　魏利军,张政,胡世明,等.重气扩散的数值模拟[J].中国安全科学学报,2000,10(2):26 - 34.

[12]　魏利军,张政,胡世明,等.重气扩散的数值模拟模型验证[J].劳动保护科学技术,2000,20(3):43 - 49.

[13]　Hou Ling, Zhu Renqing, et al. The Two - dimensional Study of the Interaction between Liquid Loshing and Elastic Structures[J]. Journal of Marine Science and Application, 2010,9:192 - 199.

[14]　樊勇保,李晓桥,等.基于 Fluent 的高炉风口流场和温度场的模拟[J].特种铸造及有色合金,2009,29(4):324 - 326.

[15] 李勇,辛龙胜.基于 Fluent 的脉冲袋式除尘器内气流流场的数值模拟[J].青岛科技大学学报,2010,31(2):177-181.

[16] 孟志鹏,王淑兰,丁信伟.可爆性气体泄漏扩散时均湍流场的数值模拟[J].安全与环境学报,2003,3(3):25-28.

[17] 韩占忠,王敬,兰小平.FLUENT 流体工程仿真计算实例与应用[M].北京:北京理工大学出版社,2004.

[18] 王福军.计算流体动力学分析——CFD 软件原理与应用[M].北京:清华大学出版社,2004.

[19] 闵剑青.室内空气对流的特征与数值模拟[J].能源与环境,2007,4:45-49.

[20] 孟志鹏,王淑兰,丁信伟.可燃性及毒性气体在障碍物附近泄漏扩散的数值模拟[J].化工装备技术,2004,25(1):47-50.

[21] 王志东.三维自由面湍流流场数值模拟及其在水利工程中的应用[D].南京:河海大学,2003.

[22] Hirt C W, Cook J L., Butler T D. A Lagrangian Method for Calculating the Dynamicsofan Incompressible Fluid with Free Surface[J]. Comp. Phys, 1970, 5:103-112.

[23] 李谊乐,刘应中,缪国平.二阶精度的 VOF 自由面追踪方法及其应用[J].船舶力学,1999,3(1):44-52.

[24] 尤学一,刘伟.两相流相界面迁移的数值模拟[J].水动力学研究与进展,2006,21(6):724-728.

[25] 胡昌林.试验场有毒推进剂泄漏后蒸发与扩散过程数值仿真研究[D].长沙:国防科学技术大学,2000.

[26] 何华,田红旗,江帆.铁路罐车液体运输动侧压力数值分析[J].铁道学报,2008,30(3):110-113.

[27] 袁丽蓉,沈永明,郑永红.用 VOF 方法模拟静止浅水环境中的垂向紊动射流[J].水科学进展,2004,15(5):566-570.

[28] Choudhary G, Hansen H. Human Health Perspective on Environmental Exposure to Hydrazines a review [J]. Chemosphere, 1998, 37(5): 801-843.

[29] 丁刚.基于 FLUENT 的破舱船舶溢油的数值模拟[D].武汉:武汉理工大学,2010.

[30] 戴树和.工程风险分析技术[M].北京:化学工业出版社,2006.

[31] 池保华,洪流,真空模拟环境条件下液体推进剂蒸发特性的试验研究[J].火箭推进剂,2010,1:71-74.

[32] 唐志文,刘瑞萍.氧化剂和燃烧剂长期储存安全性分析及确保安全措施[C]//中国化学会第三届全国化学推进剂学术会议论文集.北京:中国化学会,2007.

[33] 陈国华.风险工程学[M].北京:国防工业出版社,2007.

[34] 彦伟文,韩光胜.平板模型对液化石油气连续泄漏扩散模拟分析与探讨[J].中国安全科学学报,2009,19(11):56-61.

[35] Hanna S R, Drivas P J. Guidelines for use of vapor cloud dispersion models[M]. New York:Center for Chemical Process Safety AIChE, 1996.

第7章 液体推进剂泄漏着火研究

偏二甲肼储库内火灾一般是因为燃料泄漏流淌到地面,并遇到火源引起的,事故的类型主要为闪火、喷射火和池火。其中闪火是一种非爆炸形式,火焰速度较低,持续时间较短,不足以破坏设备,热辐射所造成的危害也小。喷射火是沿射流方向的一种非常剧烈的燃烧形式。当偏二甲肼液体从储罐中泄漏形成喷射流时,如果在泄漏位置遇明火被点燃形成喷射火,其储罐内压力会迅速降低,形成的火焰时间较短,在储库内形成喷射火的概率较低。泄漏液体到地面之后向四周流淌,当流到防火堤或者低洼边界时,便会在限定区域内积聚,形成一定厚度的液池,若遇到火源、强氧化剂等将引发起火,便形成偏二甲肼池火灾。池火灾的破坏机理主要是通过热辐射影响周围的操作人员和武器装备等,池火灾热流量特别大,可能造成偏二甲肼储罐进一步泄漏,火焰蔓延迅速,如果火焰直接作用于储罐表面则会带来更严重的后果。本章主要对偏二甲肼泄漏形成的池火灾进行分析。

7.1 偏二甲肼储库火灾事故的特点

偏二甲肼火灾一般都在很短的时间内发生,突发性很强,并且燃烧热值很高,一旦发生火灾,其燃烧速度很快,并且有极大的蔓延速度,火焰温度很高。火灾发生后,在很短时间内会达到其最大燃烧速度值,之后,火灾将持续并稳定燃烧直到燃料耗尽。偏二甲肼的性质、液体初始温度、泄漏方式和泄漏速度、风速等决定了其燃烧速度;其初始温度越高,达到沸点的时间就越短,燃烧速度也就越快;泄漏液池形成的面积越大,其燃烧速度也就越快,但是当泄漏液池直径达到一定程度时,燃烧速度也达到最大值;另外,风速越大蒸发越快,燃烧速度也随之增加。

偏二甲肼作为一种高比冲的推进剂燃料,在燃烧过程中能放出巨大的热流。高温和高强度的热辐射对周围物体的作用很容易使火灾面积继续扩大,特别是对临近储罐的破坏,使得火灾蔓延迅速,难以扑救,造成更大的危害。

火焰燃烧温度高,火焰向四周散发的热辐射也多。随着温度的升高,偏二甲肼的燃烧速度也随之增加。火灾对周围物体所产生的热辐射量与偏二甲肼热值、火焰温度、偏二甲肼燃烧所产生的烟雾密切相关。燃烧时间越长,周围接收的热辐射也就越大;偏二甲肼的燃烧热值很高,产生的热辐射强度高。高强度的热辐射是破坏相邻罐体以及火灾蔓延的主要因素,因此,如何降低火灾过程中产生的热辐射,对防止火灾的发生,对储罐的安全以及火灾的扑救有着重要的指导作用。

当发生火灾时,偏二甲肼遇热挥发出大量偏二甲肼蒸气,当偏二甲肼蒸气与空气的混合气体达到着火、爆炸极限时,在火源作用下就会立即发生着火、爆炸。储罐遇火焰或高温,罐内偏二甲肼蒸气短时间内迅速增加,压力也随之增加,当罐内压力超出罐体能承受的最高压力时就会发生爆炸事故。一旦偏二甲肼储罐发生爆炸事故,其带来的破坏和损伤是十分严重的。

在整个燃烧过程中,储罐内偏二甲肼蒸气与空气的混合是随着燃烧状况的不同而发生变化的。因此,偏二甲肼的燃烧和爆炸在交替进行,这也为救火增加了许多不确定的因素,加大了扑救难度。

若在火灾扑灭后没有及时阻断偏二甲肼泄漏,在火源和高温的作用下很有可能发生复燃、复爆等现象。因此,在火灾扑灭后应该持续对火源、储罐、管壁、输送管线等进行冷却作业。

7.2 池火灾经验模型

池火灾经验模型主要包括池火燃烧的火焰特征(火焰高度、火焰倾角及质量燃烧速率等)和热辐射模型。池火灾的火焰形状可以简化为圆柱形和圆锥形两种,目前,所应用的池火灾经验模型均是建立在圆柱形火焰基础之上的[1]。

7.2.1 基本模型与参数

1.液池直径

当液体泄漏时地形不尽相同,燃料池形状不一,池的面积在燃烧过程中也在变化,因此为了方便计算,将不规则的火灾池等效成圆形火灾池,这样就可以计算出等效直径 D[2],则

$$D = (4S/3.14)^{1/2} \tag{7-1}$$

2.池火灾面积

首先需要确定泄漏液池面积,这是由实际地形决定的。当泄漏液体没有受到阻挡向四周流淌、扩展形成具有一定厚度的液池时,其面积是由泄漏的液体量和地面性质决定的,按下式可计算最大可能的液池面积:

$$S = \frac{W}{H_{\min}\rho} \tag{7-2}$$

式中　　S——液池的最大可能面积,m^2;

　　　　W——泄漏可燃液体的质量,kg;

　　　　ρ——液体的密度,kg/m^3;

　　$H_{\min}$——最小液层厚度,m,取值与地面性质和状态有关[3],见表 7-1。

表 7-1　不同地面最小液层厚度

地面性质	粗糙地面	平整地面	混凝土地面	平静水面
最小液层厚度 /m	0.025	0.010	0.005	0.001 8

液体在泄漏过程中如果遇到防火堤、围堰等阻挡,将在限定区域内聚集形成一定面积的液池,面积可由现场测得。

3.火焰高度

火焰高度充分表明了火势的大小。研究火焰高度的方法有很多种,主要有目测法、特征参数法和图像观察法[4]。在众多研究火焰高度的方法中,目前普遍使用的是 Thomas 给出的火焰高度公式:

(1) 在无风情况下,有

$$H = 42D \left[\frac{m_f}{\rho_0 (gD)^{0.5}} \right]^{0.6} \tag{7-3}$$

(2) 在有风情况下,有

$$H = 55D \left(\frac{m_f}{\rho_0 \ (gD)^{0.5}} \right)^{0.67} \left(\frac{U_w}{U_c} \right)^{-0.21}, \quad U_c = \left(\frac{gDm_f}{\rho_0} \right)^{1/3} \qquad (7-4)$$

式中　H—— 火焰高度，m；

　　　m_f—— 质量燃烧速率，kg/(m² · s)；

　　　D—— 液池直径，m；

　　　ρ_0—— 空气密度，kg/m³；

　　　g—— 重力加速度，取 9.81 m/s²；

　　　U_w——10 m 高处的风速，m/s；

　　　U_c—— 特征风速，m/s。

4. 火焰倾角

火焰倾角主要受风速的影响较大。有风情况下，火焰的高度虽有所减小，但是火焰更加向下风向倾斜，加剧了下风向的热辐射危害。火焰在风的作用下向下风方向扩展，其直径由 Moorhouse[5] 关系式计算得

$$D' = 1.5D[U_w/(gD)]^{0.069} - D \qquad (7-5)$$

D' 又被称为火焰后托量，火焰倾角可按下式计算：

$$\frac{\tan \theta}{\cos \theta} = 0.666 \left(\frac{U_w}{gD} \right)^{0.333} \left(\frac{U_w D}{\upsilon} \right)^{0.117} \qquad (7-6)$$

式中　υ—— 空气动力黏度，m²/s；

　　　θ—— 火焰倾角。

在计算火焰倾角的式子中，由美国气体协会[6] 提出的火焰倾角表达式给出的结果最好，关系式为

$$\cos \theta = \begin{cases} 1, & U_w/U_c < 1 \\ (U_w/U_c)^{-0.5}, & U_w/U_c \geqslant 1 \end{cases} \qquad (7-7)$$

5. 质量燃烧速率

质量燃烧速率是研究池火灾的一个重要参数，同时也对其他火焰特性参数起决定作用，是研究池火的基础。对于足够大的液池直径来说，其燃烧过程中火焰增大到一个固定位置不再变化时，液面接收到的热辐射也随之达到最大值，质量燃烧速率也达到极值。文献[7] 给出了几种常用可燃液体的最大燃烧速率，Burgess 和 Hertzberg 对于其他未列入的单一组分可燃液体给出了计算方法[8-9]：

(1) 当可燃液体沸点高于温度环境时，有

$$m_f = \frac{cH_c}{H_{vap} + C_p(T_b - T_a)} \qquad (7-8)$$

(2) 当可燃液体沸点低于温度环境时，有

$$m_f = \frac{cH_c}{H_{vap}} \qquad (7-9)$$

式中　c—— 常数，$c = 0.01$ kg/(m² · s)；

　　H_c—— 液体的燃烧热，J/kg；

　　H_{vap}—— 液体在常压沸点下的蒸发热，J/kg；

　　C_p—— 液体的比定压热容，J/(kg · K)；

　　T_b—— 液体的沸点，K；

T_a——环境温度，K。

6. 热释放速率

热释放速率(HRR)是表征火灾危害程度和影响火灾发展的一个重要参数。单位时间内燃料燃烧所放出的热量即为热释放速率，它体现了火灾放热强度随时间变化的规律，对受限空间内温度高低及烟气产生量多少起决定作用。池火灾的热释放速率Q(kW)可用下式计算，有

$$Q = m_c \Delta h_c \tag{7-10}$$

式中，m_c为质量燃烧速率，kg/s；$m_c = m_f A$。

7. 热辐射模型

池火灾所造成的伤害主要是通过热辐射通量形成的，因此在事故发生后第一时间得到热辐射通量对救援、安全防护等都有重要意义，为此建立池火灾伤害模型如下。

液池周围距池中心 x 处的热辐射通量为

$$q_点 = q_{表面} \upsilon_F \tau \tag{7-11}$$

式中　$q_点$—— 接收点热辐射通量，W/m²；

　　$q_{表面}$—— 池火表面热辐射通量，W/m²；

　　υ_F—— 几何视角因子；

　　τ—— 大气透射率。

(1)表面热辐射通量 $q_{表面}$。假设池火火焰为圆柱形，并且燃烧产生的热量从火焰侧面和顶部均匀向外辐射，则池火焰表面的热辐射通量为

$$q_{表面} = \frac{0.25\pi D^2 H_c m_f f}{0.25\pi D^2 + \pi DH} \tag{7-12}$$

式中　$q_{表面}$—— 火焰表面的热通量，kW/m²；

　　f—— 热辐射系数，按经验取 $f = 0.15$。

(2)几何视角因子 υ_F(视角系数)。视角系数为水平和竖直两个方向视角系数的矢量和。实际上，视角系数的计算过程相当复杂，很难从中观察距离、火焰尺寸是如何影响火焰系数的。具体计算方法如下：

1)在无风条件下，目标物体位于液池的液面高度时，有

$$\left. \begin{aligned} &a = \frac{h^2 + s^2 + 1}{2s}, b = \frac{1+s^2}{2s}, h = 2H/D, s = 2x/D \\[2mm] &A = \frac{b-1}{s(b^2-1)^{0.5}} \tan^{-1}\left[\frac{(b+1)(s-1)}{(b-1)(s+1)}\right]^{0.5} \\[2mm] &B = \frac{a-1}{s(a^2-1)^{0.5}} \tan^{-1}\left[\frac{(a+1)(s-1)}{(a-1)(s+1)}\right]^{0.5} \\[2mm] &K = \tan^{-1}\left[\left(\frac{s-1}{s+1}\right)^{0.5}\right], J = \left[\frac{a}{(a^2-1)^{0.5}}\right]\tan^{-1}\left[\frac{(a+1)(s-1)}{(a-1)(s+1)}\right]^{0.5} \\[2mm] &\upsilon_{F_H} = \frac{A-B}{\pi}, \upsilon_{F_V} = \frac{1}{\pi s}\tan^{-1}\left[\frac{h}{(s^2-1)^{0.5}}\right] + h(J-K) \\[2mm] &\upsilon_F = \sqrt{\upsilon_{F_H} + \upsilon_{F_V}} \end{aligned} \right\} \tag{7-13}$$

2)在有风条件下，目标物体位于液池的液面高度时，有

$$
\left.
\begin{aligned}
&C = \sqrt{h^2 + (s+1)^2 - 2h(s+1)\sin\theta} \\
&D = \sqrt{h^2 + (s-1)^2 - 2h(s-1)\sin\theta} \\
&E = \sqrt{1 + (s-1)\cos^2\theta}, F = \sqrt{(s-1)/(s+1)} \\
&G = h\cos\theta/(s - h\sin\theta), I = \sqrt{s^2 - 1} \\
&\pi\upsilon_{F_H} = \tan^{-1}F + \frac{\sin\theta}{E}\tan^{-1}\left(\frac{hs - I^2\sin\theta}{IE}\right) + \tan^{-1}\left(\frac{I\sin\theta}{E}\right) - \\
&\qquad \left(\frac{h^2 + (s+1)^2 - 2(s+1+hs\sin\theta)}{CD}\right)\tan^{-1}\left(\frac{CF}{D}\right) \\
&\pi\upsilon_{F_V} = -G\tan^{-1}E + G\left(\frac{h^2 + (s+1)^2 - 2s(1+s\sin\theta)}{CD}\right) \\
&\qquad \tan^{-1}\left(\frac{CF}{D}\right) + \frac{\cos\theta}{E}\tan^{-1}\left(\frac{hs - I^2\sin\theta}{IE}\right) + \tan^{-1}\left(\frac{I\sin\theta}{E}\right) \\
&\upsilon_F = \sqrt{\upsilon_{F_H} + \upsilon_{F_V}}
\end{aligned}
\right\}
\tag{7-14}
$$

式中，a,b,h,s,A,B,C 等为中间变量；x 为火焰中心距目标的距离，m；θ 为火焰倾角。

从上述公式可以看出，视角系数的计算很复杂，很难从中得知观察距离、观察角度等是如何影响火焰系数的，但是视角系数的值总是小于 1，且随 s 的增大而急剧减小，随着 h 的增大而缓慢增大[10]。

（3）大气透射率 τ。考虑到水蒸气、CO_2 等对热辐射吸收的影响，其计算公式如下：

$$
\tau = 1 - 0.058\ln x \tag{7-15}
$$

7.2.2　池火灾热辐射破坏准则

在火焰燃烧的过程中，在火焰区域和附近的空间都会存在着大量热量，其热传递在整个过程中起关键作用。通常在火灾过程中主要有热传导、热对流和热辐射这 3 种形式[11]。由于热辐射在传递过程中并不需要介质就能传到周围物体，所以与热传导和热对流相比，热辐射对火灾的扩大有着重大影响，在整个火灾过程中起着重要作用。

距离火源较近的装置和救火人员会受到大量热辐射的威胁，在大范围火灾中经常可以看到距火源较近的建筑物受辐射而被点燃的现象[12]，这也使火灾扑救工作变得更加困难。

热辐射破坏准则常被划分为 3 种，即热通量准则（q 准则）、热强度准则（Q 准则）、热通量-热强度准则（q-Q 准则）[13]。热通量准则是以热通量作为衡量模拟目标是否被破坏的参数，当目标接收到的热通量大于或等于引起目标破坏所需的临界热通量时，目标被破坏。热通量作用的时间比目标达到热平衡所需要的时间长，不同入射热辐射通量对目标造成的损失情况见表 7-2。热强度准则是以目标接收到的热强度作为目标是否被破坏的唯一参数，当目标接收到的热程度大于或等于目标破坏的临界热强度时，目标被破坏，否则目标不被破坏。热强度的适用范围为作用于目标的热通量持续时间非常短，以至于目标接收到的热量来不及散失。瞬间火灾作用对人员的伤害准则，即热强度准则见表 7-3。

表 7－2　不同入射热辐射通量引起对人体的伤害及设备的破坏情况

临界热通量/(kW·m⁻²)	对设备的损害	对人的损害
35～37.5	严重破坏生产设备,钢结构暴露 30 min 后会变形	1 min 内 100%死亡,10 s 内 1%死亡
25	当无火焰、场时间辐射时,木材燃烧的最小能量	1 min 内 100%死亡,10 s 内重大烧伤
12.5～15.0	当有火焰时,木材燃烧速率融化的最低能量	10 s 内一度烧伤,1 min 内 1%死亡
9.5		8 s 感觉疼痛,20 s 内二度烧伤
4.0～4.5		20 s 以上感觉疼痛,但不会起水泡
1.6		长期辐射无不舒服感觉

表 7－3　瞬间火灾作用下人员的伤害准则

临界热强度/(kW·m⁻²)	375	250	125	65
伤害效应	三度烧伤	二度烧伤	一度烧伤	皮肤疼痛

7.3　小尺寸偏二甲肼池火灾的实验研究

实验研究是火灾科学的一种主要研究手段[14]。通过科学实验,可以发现一些自然现象,找出这些现象背后的规律,并利用实验结果验证理论分析得到的数学物理模型。

偏二甲肼池火受自身的燃烧性能、环境温度、相对湿度等条件影响,在偏二甲肼火灾科学研究中,应该根据研究对象的实际情况,采用合适的实验装置和实验方法研究[15]。因此,搭建小尺寸偏二甲肼池火燃烧的实验装置,对偏二甲肼的燃烧特性进行研究具有很重要的作用。实验利用质量称重系统开展偏二甲肼池火质量燃烧速率的分析,借助红外热像系统研究偏二甲肼池火的形态特征和温度分布。

7.3.1　实验设计

为研究偏二甲肼池火燃烧特性,特搭建小尺寸偏二甲肼池火燃烧的实验平台。实验系统主要由火源和测试系统构成。测试系统主要包括红外热像仪及相应标定设备、质量监测系统、热电偶采集系统等。图 7－1 所示为总体实验装置图。

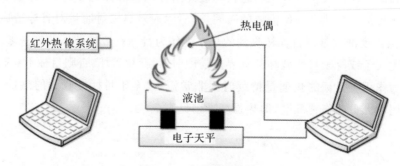

图 7－1　实验装置简图

实验采用的液池为不锈钢的圆形容器,其内径分别为 6 cm,10 cm,16 cm,24 cm,30 cm,如图 7-2 所示。液池下部使用三脚架支撑在电子天平上,三脚架的隔热性能要好,确保火焰高温不影响天平记录数据。液池下表面和天平之间保留一定空隙从而保证了空气的正常流通。

为了确保实验得到数据的可靠性,实验中使用的偏二甲肼纯度在 98% 以上,并且本实验是在室内大空间进行的,可以忽略风速对实验的影响,室内大气压为 1atm(1atm=1.013× 10^5 Pa),温度为 22℃,湿度为 65%。

图 7-2　实验用圆盘

7.3.2　燃烧数据测量方法及原理

1. 燃烧速率测试方法——质量测量系统

燃烧速率是表征池火的一个基本参数。它通常有 3 种表示方法,即垂直于液面的直线燃烧速率、质量燃烧速率和液面水平方向上的火焰蔓延速率[16]。实验中,偏二甲肼池火的燃烧速率用单位面积偏二甲肼的质量损失速率来表征。使用电子天平测量偏二甲肼的质量变化得到液池的燃烧速率,图 7-3 所示为实验中使用的称重仪器——福建华志公司产 PTY-C5000 系列电子天平,量程为 0~5 000 g,精度为 0.2 g,设置电子天平每秒采集一个数据,采用式 (7-16) 来计算质量燃烧速率。

$$m''_{\text{fule}} = \Delta m / (\Delta t \times A) \tag{7-16}$$

式中　m''_{fule}——偏二甲肼池火的单位面积质量损失速度,g/(m² · s);

　　　m——偏二甲肼质量,g;

　　　A——液池面积,m²。

图 7-3　实验中使用的 PTY-C5000 系列电子天平

2.温度测量方法——红外热像仪测温系统

温度的测量是火灾实验中的一个重点也是一个难点。其中池火的火焰温度是在"国际火灾安全科学高级论坛会"上提出的必须通过实验测量的参数之一[17],想要了解燃烧过程、辐射特性等性质必须测量火焰温度。温度的测量主要有两种方法,即接触测温法和非接触测温法。图7-4所示为现在常用温度测量方法分类[18-19]。

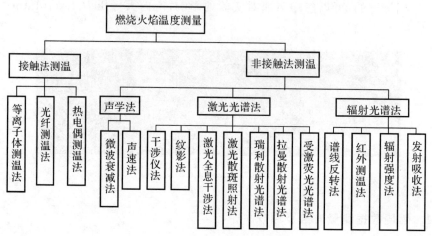

图7-4 火焰温度测量方法

在接触测温法中,最常用也是最有代表性的就是热电偶测温,热电偶测温具有简单易行、测量较准确等优点。测温时采用大量热电偶布设在火场中,通过此方法可以得到火场中某些特征点的温度变化。但是测温过程中热电偶与火焰直接接触,会对火焰场有一定干扰,并且热电偶测温的分布点不连续,存在遗漏区域,很难得到完整的火焰温度场分布。另外,热电偶放置在高温火场中容易被氧化,热电偶头容易被吹断。本书只采用热电偶测温系统作为本实验的辅助测温方式(温度对比和发射率标定),图7-5所示为本实验使用热电偶测温系统。

图7-5 热电偶测温系统

非接触测温的方法较多,优、缺点不一,这里不再赘述。综合考虑选择使用红外热像仪测温法,该方法具有响应时间快、使用安全及使用寿命长等特点。图7-6所示为德国英福泰克(InfraTec)公司生产的 Image IR5300 型高端红外热像仪,其基本参数见表7-4。

图 7 - 6 实验使用的 Image IR5300 型红外热像仪

表 7 - 4 红外热像仪基本参数

工作环境温度	$-15℃\sim50℃$
探测器类型	制冷焦平面
工作波段	$3\sim5\mu m$
测温范围	$400\sim1\,000℃$
测量精度	$\pm1℃$
像素数	320×256
图像显示及测温	全屏伪彩、全屏测温
频帧	50 帧/s

图 7 - 7 所示为红外热像系统组成示意图。利用红外热像仪进行温度测量时,仪器本身测量的是目标接收辐射能量强度,辐射强度再以温度的形式给出。但是测温过程中有一个很关键的问题就是必须知晓偏二甲肼火焰发射率,只有确定发射率才能得到准确的温度信息,热像仪和火焰的距离、环境温度和湿度、大气透射率等也对测温有影响。在测温过程中首先确定偏二甲肼火焰的发射率。

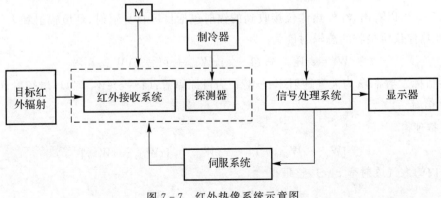

图 7 - 7 红外热像系统示意图

红外线的波长在 $0.76\sim100~\mu m$ 之间,按波长的范围可分为近红外、中红外、远红外、极远红外 4 类,它在电磁波连续频谱中是处于无线电波与可见光之间的区域。红外线辐射是自然界存在的一种最为广泛的电磁波辐射。任何物体在常规环境下都会产生自身的分子和原子无规则的运动,并不停地辐射出热红外能量,分子和原子的运动越剧烈,辐射的能量越大,反之,辐射的能量越小。

温度在绝对零度(273K)以上的物体,都会因自身的分子运动而辐射出红外线。红外探测器可以将物体辐射的功率信号转换成电信号,使得成像装置的输出信号可以一一对应地模拟扫描物体表面温度的空间分布,经电子系统处理,传至显示屏上,得到与物体表面热分布相应的热像图。运用这一方法,便能实现对目标进行远距离的热状态图像成像和测温,并进行分析判断。红外热像仪测温的基本定律主要有普朗克黑体辐射定律、斯蒂芬-玻尔兹曼定律、维恩位移定律等,可在红外物理相关的资料中看到。

所有实际物体的辐射量除依赖于辐射波长及物体的温度之外,还与构成物体的材料种类、制备方法、热过程以及表面状态和环境条件等因素有关。因此,为使黑体辐射定律适用于所有实际物体,必须引入一个与材料性质及表面状态有关的比例系数,即发射率。该系数表示实际物体的热辐射与黑体辐射的接近程度,其值在 $0\sim1$ 之间。根据辐射定律,只要知道了材料的发射率,就知道了任何物体的红外辐射特性。

在研究偏二甲肼火焰发射率的问题上,将其近似看作灰体。灰体也是一种理想的物体,其辐射性质不随波长变化,发射率只与温度有关,恒小于 1。如图 7-8 所示为发射率测试原理示意图。

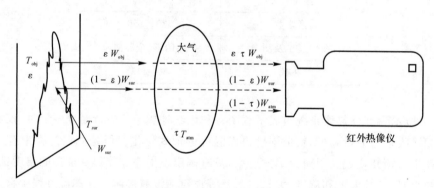

图 7-8 红外热像仪测量物体温度接收的有效辐射示意图

从图 7-8 可以看出,红外热像仪接收到的辐射包括目标自身辐射、环境辐射和大气辐射。因此,红外热像仪所接收的总辐射能为

$$W_t = \varepsilon\tau W_{obj} + (1-\varepsilon)\tau W_{sur} + (1-\tau)W_{atm} \qquad (7-17)$$

式中,ε 为目标发射率,τ 为大气透射率;$\varepsilon\tau W_{obj}$ 为目标辐射;$(1-\varepsilon)\tau W_{sur}$ 为环境辐射,$(1-\tau)\cdot W_{atm}$ 大气辐射。

将式整理得

$$\varepsilon = [W_t - \tau W_{sur} - (1-\tau)W_{atm}] / [\tau W_{obj} - \tau W_{sur}] \qquad (7-18)$$

又室内的大气透射率 $\tau=1$,整理得

$$\varepsilon = [W_t - W_{sur}] / [W_{obj} - W_{sur}] \qquad (7-19)$$

其中,W_{obj},W_{sur},W_{atm} 较容易测得;W_t 也可通过红外像仪间接测得。

上述为发射率测量的基本原理,红外热像仪测温公式[21] 为

$$f(T_m) = \tau [\varepsilon f(T_{obj}) + (1-\alpha)f(T_{sur})] + \varepsilon f(T_{atm}) \tag{7-20}$$

式中,T_m 为红外热像仪所测温度,T_{obj} 为目标温度,T_{sur} 为环境温度,T_{atm} 为大气温度,α 为吸收率。

在实验过程中将火焰近似看成灰体时,有 $\alpha = \varepsilon$,且 $\varepsilon = 1 - \tau$,热像仪测温公式可由下式给出:

$$f(T_m) = \tau [\varepsilon f(T_{obj}) + (1-\varepsilon)f(T_{sur})] + (1-\tau)f(T_{atm}) \tag{7-21}$$

将式(7-21) 在 $3 \sim 5 \mu m$ 积分可得 $f(T)$ 随温度变化关系式,即

$$f(T) \approx CT^n, \quad C = 7.727\ 68 \times 10^{-23}, \quad n = 9.255\ 4 \tag{7-22}$$

将式(7-22) 带入式(7-21) 中可得

$$T_m^n = \tau [\varepsilon T_{obj} + (1-\alpha)T_{sur}] + \varepsilon T_{atm} \tag{7-23}$$

得发射率计算公式:

$$\varepsilon = \left[\left(\frac{T_m}{T_{obj}}\right)^n - \left(\frac{T_{sur}}{T_{obj}}\right)^n \right] \bigg/ \left[1 - \left(\frac{T_{sur}}{T_{obj}}\right)^n \right] \tag{7-24}$$

因为温度较高,所以 T_{sur}/T_{obj} 很小,可以忽略不计,则式(7-24) 可简化为

$$\varepsilon \approx \left(\frac{T_m}{T_{obj}}\right)^n \tag{7-25}$$

关于发射率测量方法及误差分析,杨立[22]、吴燕燕[23] 都做过关于发射率研究。在热电偶测温系统与红外热像仪联合使用中,通过热电偶测得的火焰温度和红外热像仪对应所测得温度带入公式进行计算,从而获得实验所需的偏二甲肼火焰发射率。值得注意的是,实验所测得的偏二甲肼火焰发射率仅在本实验环境下使用,当环境条件改变时,需另外标定其火焰发射率。

7.3.3 小尺寸偏二甲肼池火实验及分析

本次实验共进行 10 次,分为 2 组,按直径大小视情况往液池内倒入偏二甲肼液体,其厚度大概为 4～6 mm,测量时,红外热像仪镜头距液池中心 3m,每次实验都是在点燃偏二甲肼后用红外热像仪开始录像的。

对实验过程标定方法(火焰高度和发射率)简要说明,如图 7-9 所示为标定网格线和热电偶标定图。图 7-9(a)标定网格线中每个小格均为 5 cm×5 cm 的正方形,L6 为偏二甲肼池火的中心线,在中心线从下到上每隔 5 cm 取一个点,共 4 个点分别记为 P13,P14,P15,P16;图 7-9(b)为热电偶位置示意图,在实验过程中,热电偶尽量放置于池火中心线上,实验开始后,热电偶在中心线上来回移动数秒以获得热电偶测温数据。

1. 偏二甲肼池火燃烧过程分析

偏二甲肼液体在燃烧时,火焰并不是紧贴在液面上的,而是在空间的某个位置,这说明在燃烧之前是先蒸发形成可燃物蒸气,蒸气扩散并与空气掺混形成可燃混合气,着火燃烧后在空间形成火焰,图7-10所示为偏二甲肼着火过程。

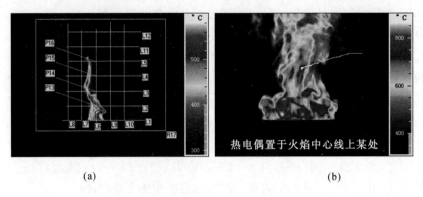

(a)   (b)

图 7-9　实验标定系列图

(a)6 cm 液池某帧红外序列图；　(b)30 cm 液池某帧红外序列图

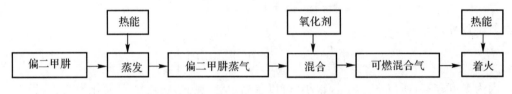

图 7-10　偏二甲肼着火示意图

通过对小尺寸偏二甲肼液池燃烧现象的观察,可简单地将其燃烧分为以下 3 个阶段。

(1)第一阶段为燃烧发展阶段。在此阶段,偏二甲肼被点燃后,火焰迅速扩展到整个液面,燃烧强度相对较弱,火焰高度不断增大,气流流动较缓慢。

(2)第二阶段为稳定燃烧阶段。在此阶段,由于燃烧较充分,并且有充足的燃料补给,所以偏二甲肼的燃烧速率基本达到一恒定值,其火焰高度也在某一高度上下振荡,此时火焰燃烧气流强烈,燃烧相对较平缓。

(3)第三阶段为衰减熄灭阶段。在此阶段,随着偏二甲肼的燃烧,燃料逐渐减少,燃料已经不能覆盖整个液池面,燃烧速率和火焰高度也持续下降,最后直至火焰熄灭。

2.偏二甲肼池火燃烧速率和质量损失速率分析

通过电子天平实时记录质量变化数据得到油池燃烧速率。在偏二甲肼被点燃后,随着燃烧的进行,偏二甲肼被不断消耗,质量不断下降。电子天平设置每秒采集一次数据,这样就可做出燃烧的失重曲线。计算单位面积燃烧速率有三种方法:直径微分法、先对失重曲线平滑后再进行微分、对失重曲线分段线性拟合。燃烧过程中火焰波动较大,如果直接对失重曲线进行微分,得到的火焰跳动很大,在本次数据处理中采取先平滑后微分的方法。图 7-11 所示为30 cm 偏二甲肼液池平滑后的失重曲线和质量损失速率曲线。

图 7-12 所示为 30 cm 液池两次实验的单位面积质量燃烧速率,从图中可以看出,两次实验得到的单位面积质量燃烧速率趋势基本相同。从曲线中可知,偏二甲肼的燃烧过程基本符合燃烧的 3 个阶段,这说明本实验的重复性较好,得到的数据准确、可靠。对失重曲线进行线性拟合,拟合直线得到的斜率即为偏二甲肼液池的平均燃烧速率,如图7-13 所示。

如图 7-14 所示,在实验范围内,不同直径液池偏二甲肼平均燃烧率随着直径的增加逐渐

增加,进一步研究,对所测值进行非线性拟合,得到偏二甲肼平均燃烧速率随液池直径变化的
拟合公式为

$$y = e^{(-4.206 + 0.243\,14d - 0.003\,3d^2)}$$

其中,拟合 R^2 为 0.996,相关度良好。y 为平均损失速率,g/s;d 为液池直径,cm。

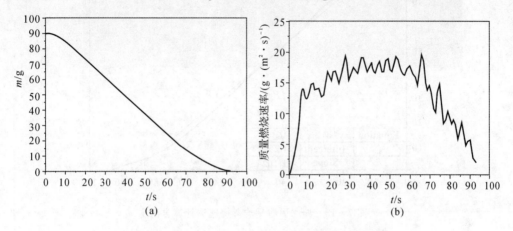

图 7 - 11　30 cm 液池失重曲线和瞬时燃烧速率曲线

(a)燃烧失重曲线;　(b) 瞬时燃烧速率曲线

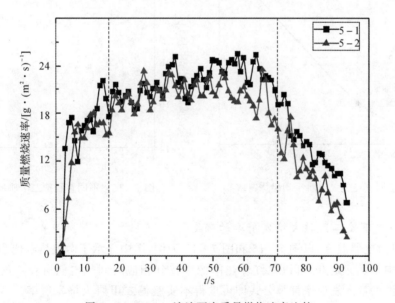

图 7 - 12　30 cm 液池两次质量燃烧速率比较

在偏二甲肼燃烧的增长阶段和衰减阶段,火焰变化波动较大,燃烧速率变化大,而在偏二
甲肼稳定燃烧阶段,火焰稳定,因此选取稳定阶段燃烧速率来表征偏二甲肼池火的燃烧速率。
图 7 - 15 所示为不同直径的偏二甲肼池火稳定燃烧速率,在实验范围内,偏二甲肼的燃烧速率
随着液池直径增加而增加。

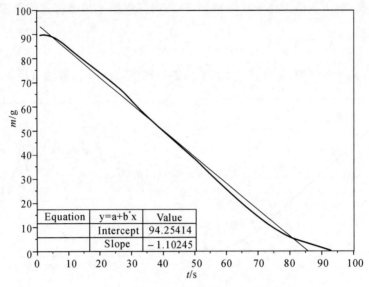

图 7-13　偏二甲肼平均燃烧速率计算方法

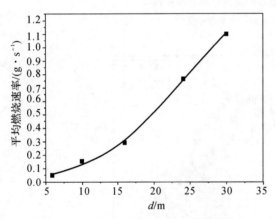

图 7-14　不同直径偏二甲肼平均燃烧速率

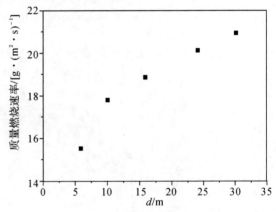

图 7-15　不同直径偏二甲肼燃烧速率

3. 实验条件下偏二甲肼火焰发射率的确定

多次测量热电偶温度,以图 7-16 和图 7-17 为例,图中显示了两组热电偶测温系统温度变化曲线,图中十字标定点,可以在红外热图像中找到相应时间热电偶所在点的温度对应数值,将所测得温度带入发射率计算公式即可求得本实验偏二甲肼火焰发射率。多次测量找出红外热像图对应温度,见表 7-5。经计算,本实验条件下偏二甲肼火焰发射率为 0.87。

表 7-5　热电偶和热像仪测温对比

	1	2	…	n
热电偶测温/℃	617.28	796.63	…	633.98
热像仪测温/℃	608.11	788.73	…	624.51

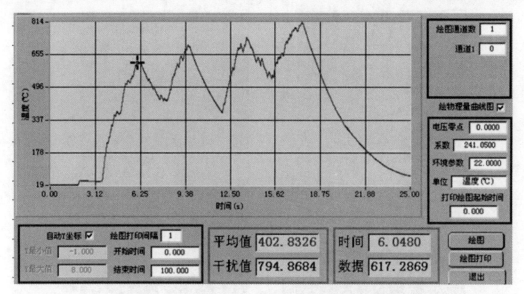

图 7 - 16　热电偶置于 16 cm 液池时的某时间段温度波形图

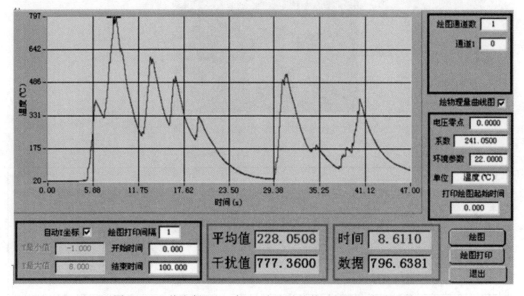

图 7 - 17　热电偶置于 24 cm 液池时的某时间段温度波形图

4. 偏二甲肼火焰温度分析

火焰在燃烧过程中所释放的热量、火焰发射功率以及燃烧过程中产生的热辐射等热特性是与燃烧过程中温度变化紧密联系的,因此,分析燃烧过程中的温度变化是十分有必要的。

从图 7 - 18 不同直径偏二甲肼液池的最高温度所在的红外序列帧图和图 7 - 19 不同直径偏二甲肼液池在 25~55 s 燃烧时测量区域内最高温度变化曲线可知,在实验范围内测量的偏二甲肼燃烧火焰的最高温度随着直径的增加而增加,而且由红外序列帧图可以进一步看出,随着直径的增加,测量区域内的高温范围也逐渐变大,火势变化较明显。

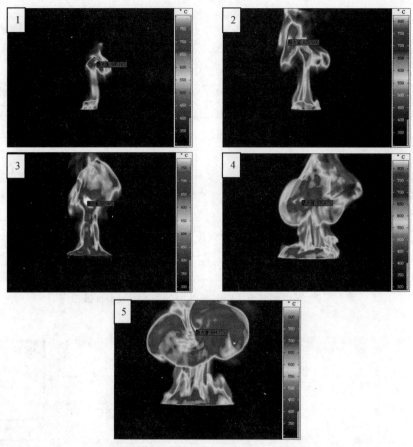

图 7-18　不同直径液池火焰最高温度所在红外序列帧图

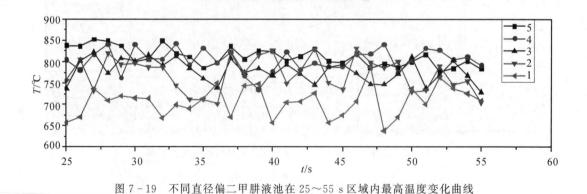

图 7-19　不同直径偏二甲肼液池在 25～55 s 区域内最高温度变化曲线

对火焰温度分布做进一步分析：

（1）以 30 cm 偏二甲肼液池为例，分析其燃烧全过程中火焰温度。图 7-20 所示为 30 cm 液池燃烧时，测量区域内最大温度和其轴心线上 P13，P14，P15，P16 标定点的温度变化曲线。在火焰发展阶段，P13 点温度波动范围一直较小，P16 点由于火焰未达到燃烧稳定阶段，温度波动范围较大，从 P13 到 P16 燃烧火焰温度波动范围变化幅度较明显；待火焰进入稳定燃烧阶段时，在标定范围内，30cm 液池的完整热图像不能在红外热像仪中显示，火焰能完全覆盖测量区域,所以标定的 4 个点处火焰温度波动范围较小,最后燃烧进入衰减阶段,火焰燃烧逐渐减弱,与发展阶段相同,P16 点波动较大,P13 点波动较小,从 P16 到 P13 火焰温度波动范围明显。再有,以 P13 点和 P16 点温度变化情况为例,如图 7 - 21 和图 7 - 22 所示为不同直径液池在 25 ~ 35 s 时间段内 P13 点和 P16 点的温度分布曲线。从图中可以看出,在 P13 点,火焰温度波动范围较小,燃烧较稳定;在 P16 点,随着直径增加,火焰温度波动范围幅度逐渐减小;对处在同一点的不同直径液池的燃烧温度,其变化也是随着直径的增加而增加。

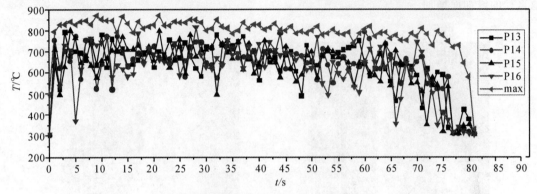

图 7 - 20　30 cm 液池区域内最高温度和 P13,P14,P15,P16 点温度变化

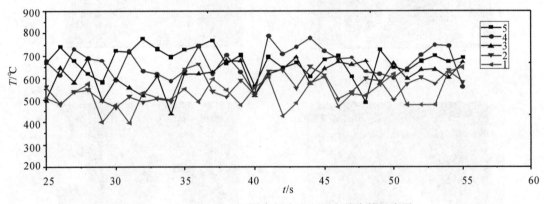

图 7 - 21　25~55 s 不同直径液池 P13 点处火焰温度图

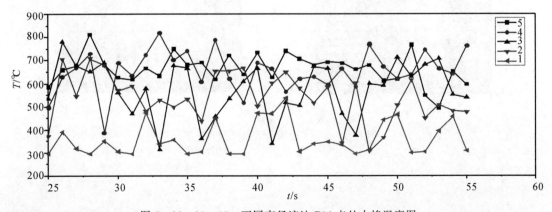

图 7 - 22　25~55 s 不同直径液池 P16 点处火焰温度图

（2）选取燃烧稳定阶段的 40～60 张红外热像图进行分析。分析方法是利用红外热像仪相关软件 IRBIS 3 plus 随机导出图像的 ASCII 码，用 MATLAB 进行处理，再将处理后的 ASCII 码用 IRBIS 3 plus 读取，这样就得到了小尺寸偏二甲肼池火在燃烧稳定阶段的火焰温度分布场，如图 7 - 23 所示。液池面积由大到小排列，从图中可以直观地看出稳定阶段温度分布情况，同时也说明随着液池直径的增加，偏二甲肼池火燃烧温度也增加。

通过对测量区域内温度分布的探讨得出结论：实验范围内偏二甲肼池火燃烧温度随着液池直径的增加而增加。

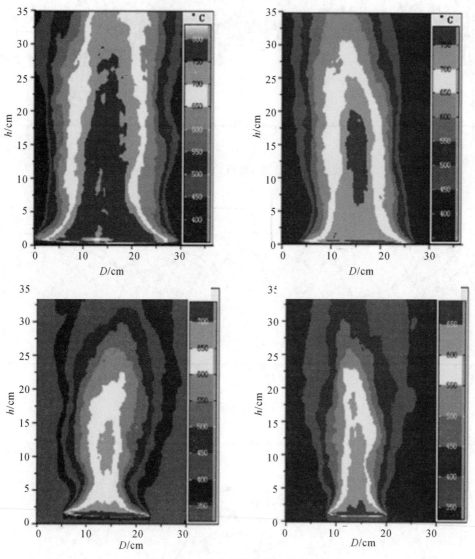

图 7 - 23　稳定阶段火焰温度分布场图

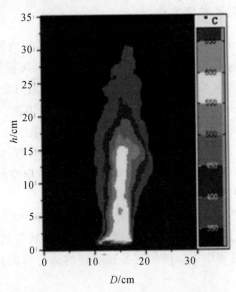

续图 7 - 23 稳定阶段火焰温度分布场图

7.4 储库内偏二甲肼池火灾的数值模拟

7.4.1 池火灾的数值模拟方法

火灾实验存在需要精力较大、耗时较长、效率不高等缺点,实际实验危险性较高。研究表明:用小型实验结果估计大型火灾现象是困难的[24-25]。计算机模拟技术的发展,为火灾科学研究领域的研究提供了新的安全有效的方法。

通过计算机技术建立相关的火灾模型,对不同场景下火灾的发展和蔓延进行模拟和预测,并根据设定的火灾场景测算和确定各种建筑材料、构件、消防设备与空间内的火灾特性参数。火灾模拟的关键是建立火灾模型,由于火灾过程包含复杂的物理、化学变化,在研究过程中需要对问题进行极大简化以获取宏观上的结果。起初,科研人员针对简单的研究对象,简化问题并提出了有效的解决办法;随着研究的深入,模拟方法不断地补充、改进、完善;对复杂场景下的火灾现象有了较详细的认识。目前,已经开发出的较为完善的火灾模型有几十种,其中比较常见的模型有专家模型(Expert System)、区域模型(Zone System)、场模型(Field System)、网格模型(Network System)和混和模型(Hybrid System)[26-30]。

计算机技术中常用的火灾数值模拟模型有区域模型和场模型。区域模型是把受限空间划分成不同的区域,并且假定各个区域内的参数(温度、压力等)是均匀的,在每个区域内用质量、能量和动量守恒的原理,通过数学方法来描述火灾过程。场模型是依据自然界普遍适用的质量、动量、能量守恒定律以及化学反应定律等,建立火灾过程中各主要分过程的理论模型。在研究过程中,笔者选用现在被普遍采用的场模型方法,通过场模型了解火灾的燃烧机理,并且场模型能够较准确地描述整个火灾发展的过程和其对外界的影响。

偏二甲肼是一种危险性较大的液体,开展大规模燃烧实验较困难,因此本书借助计算机技术对储库内偏二甲肼池火灾燃烧特性进行数值模拟分析。

7.4.2 FDS 数学模型和数值方法

FDS(Fire Dynamics Simulator)是由美国国家标准技术研究院 NITS(National Institute of Standards and Technology)开发的用于分析工业尺度的火灾模拟程序,可以用来研究火灾的特性和评估建筑物火灾防灾系统性能[31]。该软件采用数值方法求解受火灾浮力驱动的低马赫数流动的 Navier-Stokes 方程[32],用于火灾模拟中详细温度、烟气和各种气体的分布信息。同时,它可以专门模拟喷淋装置和其他一些灭火装置的工作工程,用于防排烟系统和喷淋、火灾探测器启动的设计和各种住宅火灾和工业火灾的模拟等。FDS 是由公认的政府权威机构开发的模型,有相当多的关于该模型的文献资料,而且该模型经过许多大型及全尺寸火灾实验的验证,在火灾科学领域得到了广泛的应用。

Smokeview 可以将应用 FDS 建模计算的结果图形化地显示出来。一般情况下,在前处理过程中,可以利用其显示建筑物、通风口、火警探测器及喷淋装置的位置,以便准确、快速地建立 FDS 输入文件;在计算过程中可以使用它监视程序的运行状况;在数据后处理过程中使用它演示 FDS 计算结果。

1. FDS 数学物理模型

(1)基本控制方程。火灾是通过火灾区域的燃烧与蔓延过程、烟气流动过程、辐射传热过程等各个火灾的分过程组成的,然而在火灾燃烧过程中仍然遵循连续性方程、动量守恒方程、能量守恒方程等。

连续性方程为

$$\frac{\partial p}{\partial t} + \nabla \cdot \rho \boldsymbol{u} = 0 \tag{7-26}$$

式中　ρ——密度,kg/m^3;

　　　$\boldsymbol{u}$——速度矢量,m/s;

　　　t——时间,s。

动量守恒方程为

$$\rho \left(\frac{\partial u}{\partial t} + (\boldsymbol{u} \cdot \nabla) \boldsymbol{u} \right) = -\nabla p + \rho g + f + \nabla \boldsymbol{\tau} \tag{7-27}$$

式中　p——压力,Pa;

　　　g——重力加速度,m/s^2;

　　　f——作用于流体上的外力(除重力外),N;

　　　$\boldsymbol{\tau}$——黏性力张量,N。

能量守恒方程为

$$\frac{\partial (\rho h)}{\partial t} + \nabla \cdot (\rho h \boldsymbol{u}) = \frac{\mathrm{d}p}{\mathrm{d}t} + \nabla \cdot (k \nabla T) + \sum_n \nabla \cdot (h_n \rho K_n \nabla Y_n) - \nabla q_r \tag{7-28}$$

式中　h——比焓,J/kg;

　　　k——导热系数,$W/(m \cdot K)$;

　　　q_r——热辐射通量,kW/m^2;

　　　T——温度,$℃$。

组分守恒方程:

$$\frac{\partial(\rho Y_n)}{\partial t} + \nabla(\rho Y_n \boldsymbol{u}) = \nabla(\rho D_n \nabla Y_n) + m'_n \tag{7-29}$$

式中　　n——第 n 种组分；

Y_n——第 n 种组分的浓度；

D_n——第 n 中组分的扩散系数，m^2/s；

m_n——单位体积内第 n 种组分的质量产生的速率，$kg/(m^3 \cdot s)$。

理想气体方程为

$$p_0 = \rho TR \sum (Y_i/M_i) = \rho TR/M \tag{7-30}$$

式中　　p_0——背景压力，Pa；

T——温度，K；

R——通用气体常数，$J/(mol \cdot K)$；

M_i——混合物中第 i 种成分的摩尔质量，kg/mol；

M——混合气体平均摩尔质量，kg/mol。

(2)湍流模型。FDS 采用大涡模拟的方法求解上述基本方程组，其基本思想是选择一个滤波宽度对控制方程进行滤波，它把流场中的涡流分为大涡和小涡，对大涡直接求解，对小涡采用模型求解。FDS 采用小涡求解的模型是 Smagorinsky 模型，其流体动力黏性系数表示为

$$\mu_{\mathrm{LES}} = \rho \, (C_S \Delta)^2 \left[2(\mathbf{defu}) \cdot (\mathbf{defu}) - \frac{2}{3}(\nabla u)^2 \right]^{1/2} \tag{7-31}$$

式中　　C_S——Smagorinsky 常数；

$\mathbf{defu}$——速度矢量的变形张量，$\mathbf{defu} = \frac{1}{2}\left[\nabla \boldsymbol{u} + (\nabla \boldsymbol{u})'\right]$。

(3)燃烧模型。在 FDS 软件中提供了两种燃烧模型，模型的选择取决于网格的确定。对于直接数值计算(DNS)，燃料和氧气可以直接模拟，使用余部有限速度化学反应。但是对于大涡模拟(LES)，网格的划分不能很好地解决燃料和氧气的扩散问题，就需要选用混合分数燃烧模型。在火灾模拟中，采用混合分数燃烧模型，按照大涡模拟过程直接计算大尺度涡流，模拟亚网格耗散过程。

在大涡模拟中，混合分数实际上是气体浓度的一种表示方法，当燃料蒸气与氧气的混合分数达到某一临界值时，便会进行燃烧，燃料与氧的反应进行的很快，所有参加反应的物质和产物的质量分数可通过使用"状态关联"的燃烧简化分析和测量得出，经验表达可由混合分数推导出，混合组分燃烧的模型可简化为

$$\upsilon_{\mathrm{F}} \, \mathrm{Fuel} + \upsilon \mathrm{O}_2 \longrightarrow \sum_t \upsilon_p \mathrm{Products} \tag{7-32}$$

如果在模拟火灾的场景过程中只考虑火焰的热效应，则混合组分燃烧模型可以满足求解的要求。但是火灾场景复杂，需要考虑模拟过程中生成的烟雾、二氧化碳、一氧化碳等气体浓度，这就需要将有限化学反应模型引入计算。通常燃料的燃烧公式可以用下式表示为

$$\mathrm{C}_x\mathrm{H}_y\mathrm{O}_z\mathrm{N}_v\mathrm{Other}_w + \mathrm{O}_2 \longrightarrow \upsilon_{\mathrm{CO}_2}\mathrm{CO}_2 + \upsilon_{\mathrm{H}_2\mathrm{O}}\mathrm{H}_2\mathrm{O} + \upsilon_{\mathrm{CO}}\mathrm{CO} +$$

$$\upsilon_{\mathrm{Soot}}\mathrm{Soot} + \upsilon_{\mathrm{N}_2}\mathrm{N}_2 + \upsilon_{\mathrm{H}_2}\mathrm{H}_2 + \upsilon_{\mathrm{Other}}\mathrm{Other} \tag{7-33}$$

其发生化学反应的速率为

$$\frac{\mathrm{d}\left[\mathrm{C}_x\mathrm{H}_y\mathrm{O}_z\mathrm{N}_v\mathrm{Other}_w\right]}{\mathrm{d}t} = -B \, \left[\mathrm{C}_x\mathrm{H}_y\mathrm{O}_z\mathrm{N}_v\mathrm{Other}_w\right]^a \, \left[\mathrm{O}_2\right]^b \mathrm{e}^{\frac{-E}{RT}} \tag{7-34}$$

式中　v——示化学反应系数；

　　　B——活化能反应指前因子；

　　　E——反应活化能；

　　a,b——反应级。

（4）辐射模型。在 FDS 软件中，辐射换热采用了有限容积模型（FVM），它类似于流体力学计算对流输运过程中通常采用的有限容积法，不仅能计算固体壁面的辐射换热，同时还考虑了烟气层内多原子气体对辐射的吸收作用。

在热辐射方程中，热辐射强度是与一个波长有关的数值，并用与有限容积法的相似方法进行求解运算。FDS 中热辐射求解采用的无散射辐射传递方程为

$$S \cdot \nabla I_n(\boldsymbol{x}, \boldsymbol{S}) = k_n(\boldsymbol{x})[I_{b,n}(\boldsymbol{x}) - I(\boldsymbol{x}, \boldsymbol{S})], \quad n = 1, \cdots, N \qquad (7-35)$$

式中　I_n——第 n 个波段的热辐射强度；

　　　k_n——所在波段的吸收系数；

　　$I_{b,n}$ 作为黑体辐射部分的源项为

$$I_{b,n} = F_n(\lambda_{\min}, \lambda_{\max}) \sigma T^4 / \pi \qquad (7-36)$$

2. FDS 求解步骤

在 FDS 软件中，通过 FDS 完成主要场景的建模和计算，利用 Somkeview 将计算的结果以二维或三维图形直观地显示出来，主要的计算流程如图 7-24 所示。图 7-25 描述了 FDS 和 Smokeview 使用的数据文件之间关系，计算流程主要包括以下 3 个步骤：

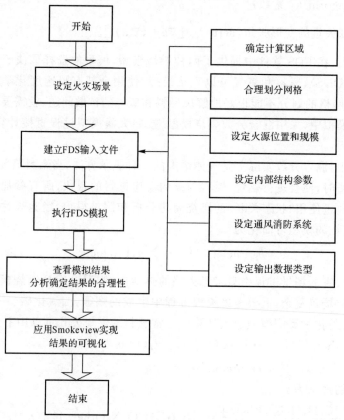

图 7-24　FDS 计算流程图

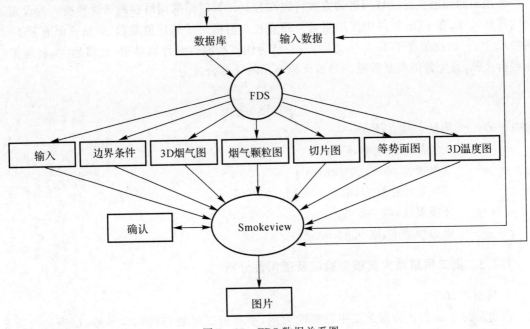

图 7 - 25　FDS 数据关系图

(1)建立 FDS 输入文件。由于 FDS 中使用的是 Fortran 语言,因此其中所有的输入参数均由文本文档输入后,利用 FDS 进行求解。FDS 中应包括需要计算的区域、网格的大小、火源的规模、建筑物表面的特性和内部结构、通风和消防系统以及需要输出的结果参数。应当注意的是,FDS 的网格必须是矩形,在划分网格的过程中应当注意按 $213m5n$ 的模数进行区分。这是由于 FDS 在计算过程中必须基于使用傅里叶快速传递公式(FFTS)的泊松分布法,网格越接近立方体越好。

(2)执行 FDS 模拟。FDS 模拟需要多次迭代计算,这需要很长的时间,数个到数百个小时不等。计算区域的大小、复杂程度以及网格划分的精细程度决定了 FDS 模拟计算的时间,因此在网格划分的过程中,需要兼顾模拟计算精度和计算的时间。

(3)利用 Smokeview 查看结果。通过计算生成的 smv 文件,可以直观地利用 Smokeview 查看计算的结果,如点数据、面数据、物体表面数据、等值数值、动态和静态数据等,每种数据都可以通过 FDS 定义温度、速度矢量、压力、气体组分浓度、可见度等。

3. 网格独立性分析

FDS 以网格作为最小计算单位,网格的大小是模型中最重要的数字参数,它规定了模型内部偏微分方程在时间和空间上的精度。FDS 在每一个离散时间步长内计算出每一个网格内的温度、密度、压力、速度和化学成分等,因此,良好的网格划分能得到较为精确的计算结果。理论上讲,网格划分越精细,计算结果越准确,而一个火灾场景通常有数十万甚至数百万个的网格,以及成千上万的时间步。因此,考虑到计算机的性能和对计算机时间的控制,这个理论方法实践起来特别困难。FDS 在对空间和时间的预测上具有二阶精度,即对网格进行一次二分能降低方程的离散错误,但由于方程是非线性的,降低离散错误可能不会同等地降低输出结果的错误,而且每对网格进行一次二分,计算时间就增长 16 倍,因此,最终只能在模型精度和计算机性能之间取平衡点,在合理的计算时间内得到合理的计算结果。

采用局部加密火源区域网格的方式可以在控制计算时间的同时提高计算精度。为设定适当的网格尺寸,在 FDS 软件中使用当量火源直径与网格尺寸的比值参数,当量火源直径 D 与网格尺寸 dx 的比值介于 $4 \sim 16$ 之间,一般认为能够准确得到计算结果,比值越大,越能精细地解析火源,避免数值截断误差。当量火源直径的计算公式为

$$D = \left(\frac{Q}{\rho c_p T_\infty \sqrt{g}} \right)^{2/5} \tag{7-37}$$

式中　D—— 当量火源直径,m;

　　　Q—— 火源热释放速率,kW;

　　　ρ—— 空气密度,取 1.204 kg/m^3;

　　　c_p—— 空气定压比热容,取 1.005 $kJ/(kg \cdot K)$;

　　　T_∞—— 环境温度,取 295 K;

　　　g—— 重力加速度,取 9.81 m/s^2。

7.4.3　偏二甲肼池火灾模型验证及适用性分析

1. 模型验证

以边长为 1 m 的正方形偏二甲肼液池为例,参照偏二甲肼物理化学参数,根据池火灾相关模型,计算得到 $1m^2$ 偏二甲肼液池的燃烧参数,见表 7-6。

表 7-6　池火灾模型计算结果

液池面积/m^2	火焰高度/m	燃烧速率/($kg \cdot m^{-2} \cdot s^{-1}$)	热释放速率/kW
1	2.803	0.047 8	1 575.677

利用 PyroSim 建立 5 m×5 m×3 m 的物理模型,网格精度为 0.1 m×0.1 m×0.1 m,偏二甲肼液池为边长 1 m 的正方形。经计算,网格精度符合式(7-37)中比值介于 4~16 之间的要求。在火源正上方每隔 1m 共布置 5 个热电偶,用于测量火焰在不同高度的温度。

图 7-26 和图 7-27 所示为 PyroSim 模拟结果,可以发现模拟结果和经验模型计算结果的一致性比较吻合,但是从图中可以看出,热释放速率和燃烧速率有上升趋势,这是由 PyroSim 的液体分解模型中,液体转化为气体的相变而引起的。随着燃料的燃烧,加快了偏二甲肼的蒸发,使偏二甲肼蒸气增多,燃烧更加剧烈,释放的能量增加。从图 7-28 火源上方不同位置的温度变化曲线可以看出,随着测点升高,温度有明显波动,随着高度的升高,温度会有明显的分层降低。

通过 PyroSim 模拟直径为 1m 的偏二甲肼池火灾,将模拟出的火焰高度、热释放速率和燃烧速率与经验模型的计算结果进行比较,结果表明:PyroSim 能够较好地模拟偏二甲肼池火灾。

2. 模型适用性分析

目前,国内、外很多学者都利用 FDS 程序对火灾事故场景进行模拟计算,通过上述偏二甲肼池火灾模型的验证可以看出,PyroSim 能够对池火灾模拟计算出良好的结果,并从宏观意义上进行理论分析,因此,使用 PyroSim 对偏二甲肼储库内池火灾的场景进行仿真模拟计算具有可行性。

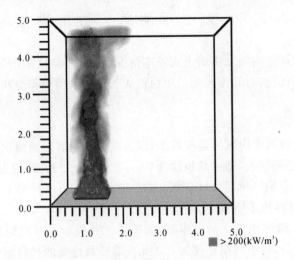

图 7 - 26　偏二甲肼液池火灾燃烧

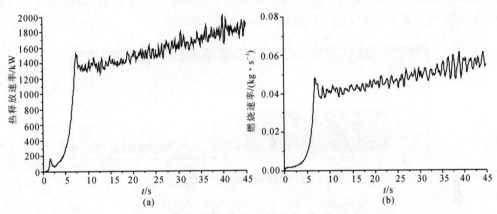

图 7 - 27　偏二甲肼液池热释放速率与燃烧速率

（a）液池热释放速率；　（b）燃烧速率

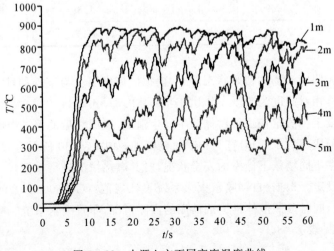

图 7 - 28　火源上方不同高度温度曲线

7.5 偏二甲肼着火数值模拟

为了进一步探讨储库内偏二甲肼火灾基本情况,在前期实验室相关研究创建的偏二甲肼储库模型基础上进行优化,对储库内偏二甲肼池火灾进行数值模拟分析。

7.5.1 模型建立

以液体推进剂储库基本构成为建模对象,以泄漏偏二甲肼形成池火灾为模型,研究着火后各种因素对事故后果的影响。储库总长约为 9 m,宽约为 3.2 m,高约为 2.6 m,内部为混凝土结构。储库内部有两个偏二甲肼立式储罐,储罐高为 1.2 m,内径为 2.6 m,两个储罐水平间距为 0.1 m,储罐的材料为不锈钢。

根据上述分析在 FDS 中建立储库模型,如图 7-29 所示。考虑到计算精度及计算时间,将储库按均匀网格划分,最小网格精度为 0.1 m。墙壁及地面的材料定义为混凝土,壁面厚度为 0.2 m。储罐材料定义为不锈钢,由于最小网格的约束,将其厚度定义为 0.1 m,同时由于 FDS 只能划分矩形网格,只能近似的将储罐形状用大量的矩形网格构成,以达到近似真实场景的目的。材料参数采用 FDS 数据库内参数,见表 7-7。

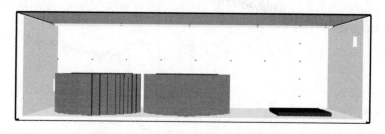

图 7-29 液体推进剂储库 FDS 模型

表 7-7 FDS 材料特性参数

材料名称	密度 kg・m^{-3}	比热 kJ・(kg・K)$^{-1}$	导热系数 W/(m・K)$^{-1}$	辐射系数
混凝土	2 280	1.04	1.8	0.9
不锈钢	7 850	0.46	45.8	0.95

(1)初始场景。假定流场的初始状态静止,模拟区域内温度与室外的环境温度均为 20℃,压力为 101 325 Pa,相对湿度为 40%,重力加速度为 9.81 m/s^2。

(2)火源场景设定。假定偏二甲肼储罐 1 发生泄漏,泄漏之后的偏二甲肼由于受到储库的限制,在库内一侧形成长约 1.5 m,宽为 1.5 m 的液池,如图 7-30 所示。在 FDS 模拟中以此为火源,分别考虑在不同场景下储库的安全状况,对其燃烧情况进行模拟。

(3)喷淋场景设定。根据《自动喷水灭火系统设计规范》(GB 50084—2001)对于严重危险性储库的相关规定,同时参照液体推进剂储库的实际情况,布置喷水系统。喷水系统共 7 个喷头,相邻间隔 4 m,见表 7-8。

表 7 - 8　喷头操作参数

操作参数	设置值
流量/(L·min⁻¹)	100
中位直径/μm	500
偏移半径/m	0.05
入射速度/(m·s⁻¹)	5
启动温度/℃	68

(4)测点布置。为了记录着火事故发生后,储库在不同场景下的温度变化,在储库中央设置垂直水平检测面,用于记录不同场景下温度、热辐射、烟气浓度、氧气浓度和二氧化碳浓度的变化。

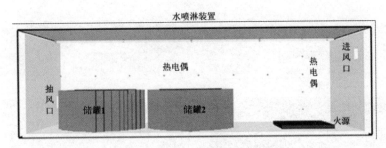

图 7 - 30　储库 FDS 模拟布置图

7.5.2　模拟结果与分析

根据储库内的布局情况,结合不同的场景,对储库内推进剂着火进行数值模拟,并对其中火源、烟气、温度、速率以及气体组分浓度进行分析。

(1)火源数据分析。由图 7 - 31 可以看出,液池在最初被引燃时,燃烧面积较小,随着火焰对燃料的加热作用,表面温度不断升高,火焰很快蔓延至燃料整个表面。随着火势逐步蔓延和燃烧的逐步加剧,火灾进一步发展,火源将加热位于其上方的空气使之温度升高、密度降低,被加热的空气在浮力的作用下将向上运动并不断卷吸周围的新鲜空气,形成火羽流,由于受到墙壁的限制,仅能从远离墙的一侧不断卷吸空气,形成壁面羽流[33],因此火灾沿着墙壁蔓延至顶部,将撞击顶棚,然后转为向四周的径向蔓延。

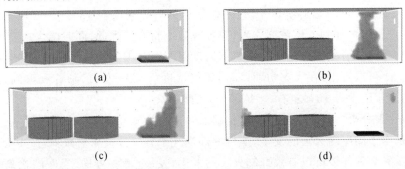

图 7 - 31　池火灾燃烧过程

(a)2 s;　(b)7 s;　(c)15 s;　(d)94 s

由于储库为封闭的空间,其中氧气随着火灾发展不断被消耗,同时不断生成烟气、一氧化碳和二氧化碳等气体,池火灾燃烧受到限制,燃烧面积和热释放率不断减小,在燃烧区以外的区域内存在满足燃烧场景的蒸气浓度和氧气浓度,因此出现了火焰"追逐"氧气的游走现象[34-35]。一般认为,当空间内氧气浓度低于15%[36-37],燃烧就无法继续进行,池火最终熄灭。

(2)烟气数据分析。由于燃烧十分迅速且处在封闭空间和相对受限空间,烟气因顶棚的阻挡沿顶棚流动,遇到周围墙壁后将形成水平运动的烟气流,最后烟气层缓缓下降,直至充满整个储库。在燃烧过程中,烟气会携带并辐射大量的热,烟气使得库内缺氧严重。烟气中含有害物质、毒性物质和腐蚀性物质等,这对人员和设备构成危害,因此有必要了解库内烟气情况。库内烟气扩散情况如图7-32所示,在火灾初期,烟气由于顶棚的阻挡,向四周蔓延,在25 s左右,烟气已经迅速蔓延到库内,造成库内能见度降低,库内自身排烟措施已经不能有效控制烟气浓度。

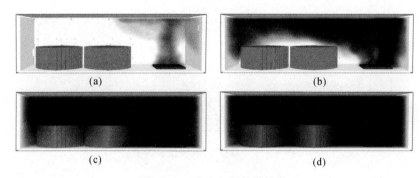

图7-32　库内烟气扩散情况

(a)5s；　(b)10 s；　(c)25 s；　(d)40 s

(3)温度数据分析。温度是池火灾燃烧的一个重要参数,且在受限空间内温度对储罐的影响较大,这是由于温度的作用容易使偏二甲肼沸腾形成较大的蒸气压,容易发生爆炸;温度还会使储罐进一步泄漏,可能引发更大的火灾爆炸事故。不同时刻温度分布如图7-33所示,从中可以看出,随着火灾的发展,库内温度急剧升高,由于库内的喷淋装置有一定的启动时间,在19 s时火源正上方喷头启动,温度迅速得到有效控制。随着烟气在库内的不断蔓延,各喷头在60 s左右均达到启动温度,在喷淋装置的作用下,库内温度迅速降低,这对于储罐的安全具有重要意义。

(4)氧气浓度分析。在储库内,氧气和二氧化碳的含量对火灾影响较大,尤其是氧气的含量。氧气作为发生火灾的必须助燃气体,一般储库内含氧浓度在15%以下,燃烧就无法继续进行,当储库内氧气消耗到一定浓度之后,热释放率将开始降低,同时燃烧规模也逐渐降低,直至火焰最终熄灭。有效控制储库内部氧气浓度对于遏制火灾的发生、发展具有重要的意义。

由图7-34可以看出,在火灾初期,库内氧气浓度为22%左右,随着火灾的发展,氧气浓度迅速降低,直至浓度为15%左右,燃烧停止,火焰熄灭。

(5)二氧化碳分析。新鲜空气中二氧化碳的含量约为0.03%,在这个条件下,人体不会受到危害。但是由于储库内火灾的发生,使得内部空气中氧气含量相对减少,产生大量的二氧化碳,一方面,二氧化碳气体可以有效抑制火灾的发生、发展,另一方面,当库内二氧化碳浓度超过8%时,就会使人员呼吸困难;浓度超过10%,会导致人员意识不清,不久导致死亡。因此,在火灾规模降低到一定程度或者熄灭时,储库中二氧化碳浓度对救援人员显得格外重要。

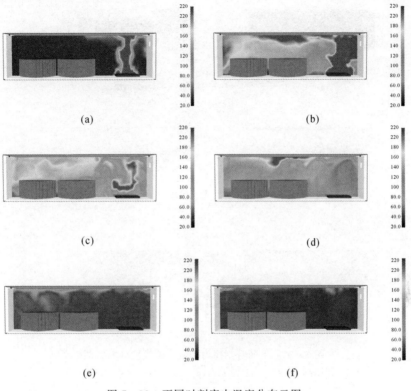

图 7 - 33　不同时刻库内温度分布云图

(a)5 s；　(b)15 s；　(c)19 s；　(d)30 s；　(e)60 s；　(f)110 s

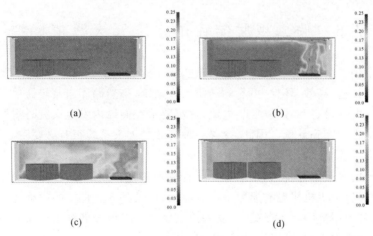

图 7 - 34　不同时刻库内氧气浓度分布云图

(a)0 s；　(b)8 s；　(c)15 s；　(d)80 s

由图 7 - 35 中可以看出,在火灾初期,库内二氧化碳浓度约为 0,随着火灾的发展,二氧化碳浓度不断升高,在 200 s 时二氧化碳浓度为 5%。

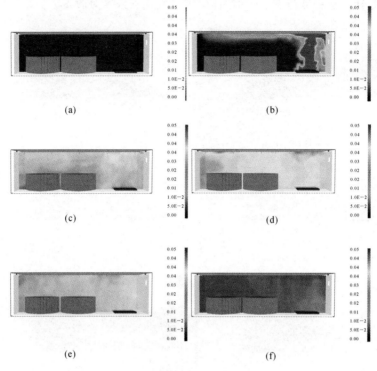

图 7-35　不同时刻库内二氧化碳浓度分布云图

(a)0 s；　(b)8 s；　(c)22 s；　(d)50 s；　(e)100 s；　(f)200 s

由上述分析得出结论:库内发生火灾后,密闭情况下库内温度一直处于较高状态,这使得库内的储罐一直处于危险程度较高的状态。

7.6　偏二甲肼储库细水雾灭火数值模拟

上述分析了偏二甲肼储库内火灾燃烧特性,发生火灾将会对人员和武器装备造成重大伤害。储库中需要快速、高效、环保、可靠的消防灭火系统,虽然储库内装修简单,易燃物较少,但库内免不了存在电气设备和各类电线、电缆,这都要求在储库内发生火灾时需要快速对库内降温以将库内危险程度降到最低。因此,探寻一种有效的灭火系统很有必要。

细水雾灭火系统是当前最具价值的消防技术之一,由于其具有安全环保、灭火高效、净化空气、安装简便、用水量小等特点,细水雾在工程领域应用广泛。在车辆、可燃性液体存储室、存在电气设备的机房、飞机机舱和船舱中都有应用,可见其灭火性能的优越性。随着细水雾灭火技术的发展,其应用范围将不断提高,发展前景良好。本节开展细水雾灭火系统数值模拟研究,为偏二甲肼储库内安装消防设施提供依据。

7.6.1　细水雾概述

1.细水雾概念

NFPA750 中规定:细水雾是在最小工作压力下,距喷头 1 m 处的平面上测得最粗部位的雾滴直径 DV0.99≤1 mm(按体积测量时,99%的直径小于等于 1 mm)的雾滴[38]。通常按照雾滴直径的大小将细水雾划分为 3 级,即第 1 级细水雾直径在 $200\mu m$ 以下,这是目前应用最多也是最具代表性的;第 2 级细水雾直径在 $200\ \mu m \sim 400\ \mu m$ 之间,此类细水雾有较大水微粒存在,相对于前者,此类细水雾更容易产生较大流量;第 3 级细水雾直径大于 $400\ \mu m$。

2. 细水雾特性参数

在灭火过程中,其有关特性参数[39]主要包括雾通量、喷雾动量、雾粒径、雾化锥角、细水雾喷头等。

(1)雾通量。细水雾的雾通量又称为体积通量,是指单位时间内单位面积上通过的细水雾液滴的总体积。该参数决定了细水雾能够吸收的热量以及气化量多少,对细水雾与火焰的相互作用过程有着重要的影响。

(2)喷雾动量。扑灭火灾成功与否关键在于喷雾动量的区别。喷雾速度、相对于火羽流的喷雾方向和传递到火焰火灾燃料表面的水液滴的质量组成了一个喷雾动量,喷雾动量系统的可靠性控制得越好,能量就越强。

(3)雾滴直径分布。喷出的细水雾粒径通常大小不一,但其分布有一定的规律性,可以使用平均滴径或者累计体积分数来表征。细水雾滴径的空间分布在很大程度上决定了其吸收热量并汽化的能力,对火焰流场结构的影响较大。

(4)雾化锥角。雾化锥角是以喷口为原点的雾化流场扩张角,是喷嘴自身的一个特征参数,雾化锥角的大小直接影响着细水雾的流速和方向,决定了雾滴空间的分布范围。

(5)细水雾喷头。通常来说,细水雾喷头的设计必须包括下面 3 条基本原则中的一条:第一,使用人体冲击金属挡板,例如撞击式喷头;第二,将加压液体从喷口高速流出,例如压力式喷头;第三,使用加压空气或氮气剪切水流形成细水雾,例如双流式喷头。这 3 种喷头已经延续使用了很多年,新的改革主要集中在提高灭火效率以及优化喷雾特性方面。

3. 细水雾灭火机理

水广泛应用于灭火系统中,是因为水的潜在高潜热效果可以造成潜在的冷却效果,1 kg 水从 0℃加热到 100℃要吸收 418 kJ 的热量,温度恒定情况下,液态水汽化为水蒸气要吸收 2 258 kJ 的热量[40]。液体的汽化往往发生在液体的表面,所以应该追求单位体积液体表面积的最大化。将水进行雾化的目的是增加每单位体积液体的表面积,用以提高吸热效率,并使雾化流向适当的方向分散,促进与火焰的相互作用,达到汽化吸热冷却燃料、体积膨胀隔氧及吸收热辐射降低热回馈等效应来削弱燃烧化学反应速度的效果。扑救效率、残存水量、环境等因素在控制扑灭过程中有着极其重要的作用。细水雾在灭火过程中主要包括 3 个主导机理(吸热冷却、置换氧气和隔绝热辐射)和两个次级机理[41]。前人对细水雾的机理有了较深入研究,在这里主要介绍 3 个主导机理[42-44]。

细水雾主要通过 3 种途径吸热,即从高温气体和火焰中、燃料和火焰附近的物体或表面。粒径越小,比表面积越大,从而增加了换热。当吸热足够时,火焰的气象温度下降至能维持的燃烧温度之下,火焰就将熄灭。

细水雾雾滴蒸发时体积可增加 1 900 倍,在受限空间内,粒径很小的细水雾雾滴将迅速蒸发、膨胀,形成水蒸气。水蒸气取代氧气,可以使氧气浓度降至临界值以下,火焰燃烧效率明显降低。

细水雾在灭火过程中对热辐射起到隔绝作用,可以阻止火焰向未燃燃料表面蔓延,并降低燃料表面的蒸发或热释放速率。不管能否扑灭火焰,细水雾都可以对设备以及操作人员起到保护作用。

7.6.2 PyroSim 中喷淋装置相关模型

1. 喷头响应模型

PyroSim 中使用的喷头的感温元件的温度计算是由 Heskestad 和 Bill 提出的差分方程[45]实现的,此方程可以兼顾相邻提前启动的喷头所产生的雾滴对喷头感温元件的冷却效果,即

$$\frac{\mathrm{d}T_1}{\mathrm{d}t} = \frac{\sqrt{|u|}}{\mathrm{RTI}}(T_g - T_1) - \frac{c}{\mathrm{RTI}}(T_l - T_m) - \frac{c_2}{\mathrm{RTI}}\beta|u| \qquad (7-38)$$

式中　u——喷头附近的烟气流动,m/s;

$\quad\quad T_1$——喷头接头温度,℃;

$\quad\quad T_g$——接头附近气体温度,℃;

$\quad\quad T_m$——喷头支架温度(环境温度),℃;

RTI 和 c——常数,由实验获得的经验值;

$\quad\quad c_2$——常数,取 $6 \times 10^6 \mathrm{K/(m \cdot s^{-1})^{1/2}}$;

$\quad\quad \beta$——空气中水的体积分数。

在 PyroSim 中,喷头响应受到诸多因素的影响,例如火场面积、喷头本身特性、火源性质等。有研究表明:RTI 和响应时间是成正比的,并且随着喷头高度的增加,RTI 和响应时间也相应增加。另外,火灾规模越大,喷头响应的时间越短。因此,在仿真中,喷头的 RTI 和响应时间可以视具体情况设定。

2. 液滴模型

一般情况下,细水雾液滴直径都小于 500 μm,喷头产生的液滴粒径应当采用 Log-Normal 分布和 Rosin-Rammler 分布[46] 表示,即

$$F(d) = \begin{cases} \dfrac{1}{\sqrt{2\pi}}\displaystyle\int_0^d \dfrac{1}{\sigma d'}\mathrm{e}^{-\frac{[\ln(d'/d_m)]^2}{2\sigma^2}}\,dd', & d \leqslant d_m \\ 1 - \mathrm{e}^{-0.693\left(\frac{d}{d_m}\right)}, & d_m < d \end{cases} \qquad (7-39)$$

式中　d_m——液滴的中位直径,m;

$\quad\quad d$——液滴直径,m;

σ 和 γ 为常数,分别为 2.4 和 0.6,其中:

$$d_m = \frac{Cd_n}{We^{1/3}}, \quad We = \frac{\rho_w U^2 d}{\sigma_w} \qquad (7-40)$$

式中　We——韦伯数;

$\quad\quad \rho_w$——水的密度,kg/m³;

$\quad\quad U$——喷头出口处水的流速,m/s;

$\quad\quad \sigma_w$——水的表面张力,N;

$\quad\quad C$——由喷头结构决定的一个常数。

7.6.3 细水雾灭火数值模拟

1. 基础模型

在 6.4 节模型的基础上做一些改进,增加观测点。如图 7-36 所示为库内测定布设基本

情况,库长为 12 m,罐直径为 2.6 m,罐间距为 2 m;火源与罐相距为 0.9 m,在火焰正上方和两个储罐中间布置两组热电偶树,由下到上顺序为 1,2,3,间隔为 1 m;喷头全部安装在顶上,位置位于火源正上方、两储罐中间、各储罐中心正上方以及火源右侧 0.5 m 处共 5 个;在两个储罐的右上方各布置一热辐射监测装置;另有相应参数(温度、氧气等)监测断面设置。

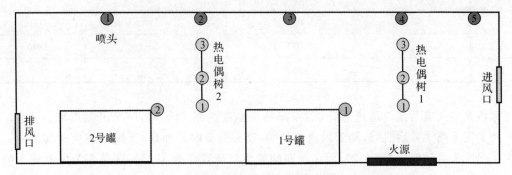

图 7-36　库内喷淋装置及相关参数监测布点平面图

2.喷淋基本情况

在 PyroSim 中,喷淋模型和喷淋相关参数都可以进行设置,表7-9给出了几个基本参数的值。图 7-37 所示为发生火灾时 PyroSim 模拟喷淋场景情况。

表 7-9　PyroSim 中关于喷头基本参数

基本描述	参数设置
喷淋响应时间指数/($\sqrt{m \cdot s}$)	100
喷头响应温度/℃	74
Rosin-Rammler 分布模型因子/μm	2.4
喷淋角度/(°)	60～75
偏移半径/m	0.05
水滴分布最小直径/μm	20

图 7-37　喷淋场景效果图

3.喷淋过程中环境影响因素——风速

通风也就意味着库内能保证正常的空气流通,当储库内发生火灾时,风会对火焰燃烧情况、烟气层的流动、水雾流向等产生较大影响,为研究通风情况下库内喷淋效果,设置模拟工况

（见表 7－10），其中工况一的自然开口认为是无风状态。

表 7－10　第一组模拟工况相关参数设置

工况	风速/(m·s⁻¹)	喷淋流量/(L·min⁻¹)	喷淋速度/(m·s⁻¹)	平均粒径/(μm)
一	自然开口	100	5	100
二	1	100	5	100
三	2	100	5	100
四	4	100	5	100

库内发生火灾后温度迅速上升，当顶部喷头温度达到 74℃时，喷头开始喷水。表 7－11 为 4 种工况下喷头开启时间，随着风速的增加，喷头响应时间加快，工况四响应时间最短。前三组工况喷头启动顺序为 43521，而工况四的喷头启动顺序为 43251，这是因为风改变了喷雾方向，对库内温度分布产生影响，造成喷头启动顺序差别。

表 7－11　第一组模拟工况喷头启动时间

工况	各喷头启动时间/s				
	1	2	3	4	5
一	18.84	15.48	9.78	8.22	13.32
二	18.24	15.08	9.36	7.80	14.88
三	17.34	14.76	8.64	7.08	13.20
四	16.62	13.86	7.32	5.76	14.64

图 7－38～图 7－40 为 4 种工况下，不同时刻库内温度分布云图（从左到右排列为工况一、二、三、四）。7 s 时，库内喷淋装置都未打开，燃烧温度主要受风速影响，从图中可以看出，随着风速的增加，库内的高温区增加。30 s 时，即喷淋装置作用十几秒后，库内温度降低明显，尤其是工况一温度降低明显，通风的三个工况，进风口位置会形成喷射火，随着风速的增加，喷射火的范围变大，因此 30 s 时，工况四库内高温区域较其他工况分布多；当模拟时间到 60 s 结束时，库内温度分布特点同 30 s 时类似。

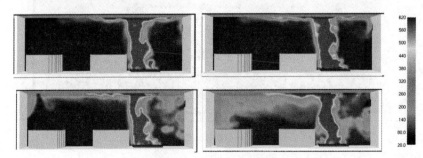

图 7－38　7 s 库内温度分布

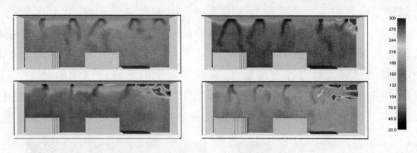

图 7-39　30 s 库内温度分布

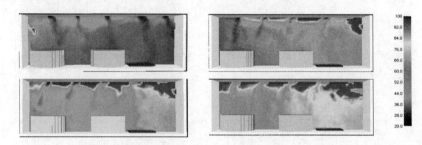

图 7-40　60 s 库内温度分布

从图 7-41 可以看出 10 s 时库内烟气的分布情况,在燃烧过程中,由于细水雾蒸发形成大量水蒸气,同时水雾对火焰冲击、冷却作用,造成火源燃烧的不稳定。在风和烟气流的作用下,火焰区的湍流度增加,使得偏二甲肼蒸气和氧气在库内混合,在库内会出现很多燃烧的蒸气团,导致烟气形成速度和蔓延速度加快。随着风速的增加,库内烟气扩散加快,排风口较小,储库排风不及时,烟气会迅速充满库内。

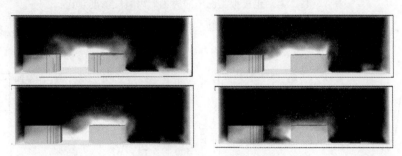

图 7-41　10 s 库内烟气分布

氧气是着火的重要条件,图 7-42 所示为库内 10 s 和 40 s 时氧气浓度分布云图,火源主要消耗库内和通风中的氧气,最初火源不断消耗空间上方的氧气,风速的增加使得库内升温迅速。当喷头启动后,细水雾吸收热量,冷却火源,抑制偏二甲肼燃烧,火源耗氧量减少,喷淋一定时间后火源稳定,库内氧气浓度变化不大,只靠通风向库内输送氧气。

以工况一和工况四为例,对空间内布设热电偶树温度进行探讨,如图 7-43 所示(图中左边虚线为第一个喷头启动时间,右边虚线为全部喷头启动时间)。在喷淋系统打开后,各热电偶温度先上升到最高,然后迅速下降,最后趋于稳定,热电偶温度变化趋势基本相同,在火源正上方的热电偶树 1,温度变化幅度从 1 到 3 依次减小,而位于两储罐中间的热电偶树 2,温度变化幅度与热电偶树1恰好相反。这是因为热电偶树1位于火源正上方,其温度变化主要是火焰作用;而热电偶树2没有接触到火源,燃烧过程中烟气从上到下扩散,可以认为是在细水雾作用下的烟气温度。对比4种工况,1-1号和2-3号热电偶温度变化,在喷淋状态相同情况下,由于风的作用使气体强迫卷吸作用增加,外部空气对库内的冷却作用明显,工况四测点温度较其他工况低。模拟后期工况四各测点热电偶,温度上升较大,尤其是1-3号热电偶,这是因为风速过大,进风口处形成喷射火的面积对温度分布影响较大。

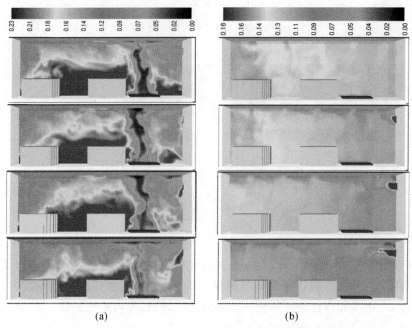

图7-42 第一组模拟工况不同时刻库内氧气浓度对比

(a)10 s; (b)40 s

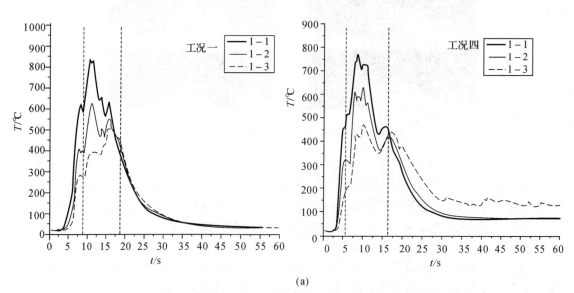

(a)

图7-43 第一组模拟工况热电偶测温变化曲线

(a)热电偶树1

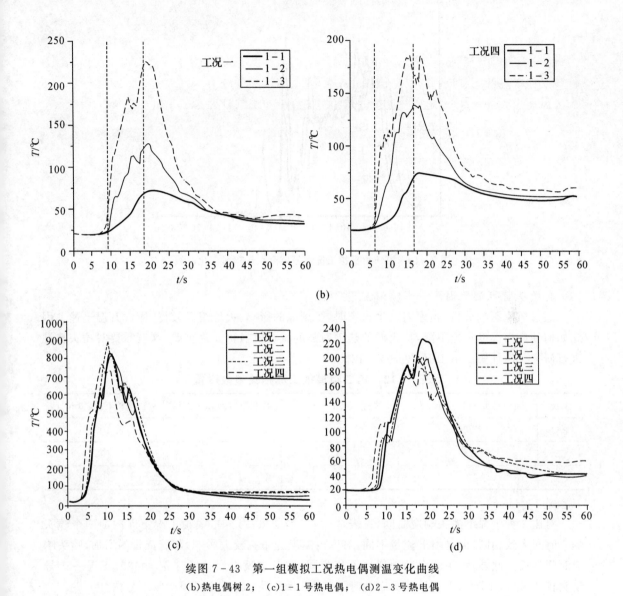

续图 7-43　第一组模拟工况热电偶测温变化曲线

(b)热电偶树 2；　(c)1-1 号热电偶；　(d)2-3 号热电偶

　　热辐射强度大于 35 kW 时,会严重损害设备,作用时间越长危险性越大。图 7-44 所示为第一组模拟工况监测点 1 的热辐射强度变化曲线,库内发生火灾后,通过不同工况比较,在燃烧初期热辐射强度上升较大。随着风速的增加,其热辐射上升到最高点的时间减少,由于 1 号监测点离火源较近,接收到的热值高,波动较大;当喷头启动后,工况一在达到最大值后,库内热辐射迅速下降;而通风的 3 个工况由于细水雾和风对火焰作用,库内会形成部分火焰团在空间内游走,喷淋期间波动较大,待喷淋一段时间后,热辐射值下降到最低点。监测点 2 号接收到的热辐射较少,这里不做考虑。

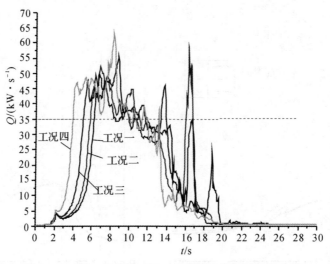

图 7-44 第一组模拟工况 1 号监测点热辐射变化曲线

4. 喷头特性影响因素——喷淋流量

通过风速影响分析,当库内发生火灾时,受到风的影响,火焰熄灭较慢、库内升温迅速。因此如何使库内温度迅速下降,将火源的热辐射强度减弱就显得尤为重要,这就需要对喷头特性进行研究。设计第二组工况,见表 7-12。

表 7-12 第二组模拟工况相关参数设置

工况	喷淋流量/(L·min^{-1})	风速 8/(m·s^{-1})	喷淋速度/(m·s^{-1})	平均粒径/μm
一	50	2	5	100
二	75	2	5	100
三	100	2	5	100

对比 3 种工况下喷头响应时间,见表 7-13。当通风一定时,模拟工况下库内前两个喷头响应时间大致相同,但是喷淋流量不同,对库内温度分布有较大影响,随着流量的增加,喷头响应时间延长。此外,喷头的启动顺序也不尽相同,前三个喷头启动顺序都为 435,工况一 1 号喷头较 2 号快,工况二 1,2 号喷头启动时间基本一致,而工况三 2 号喷头较 1 号快。

表 7-13 第二组模拟工况喷头启动时间

工况	各喷头启动时间/s				
	1	2	3	4	5
一	16.56	16.92	8.64	7.08	12.42
二	16.92	16.92	8.64	7.08	12.96
三	17.34	14.76	8.64	7.08	13.20

在通风一定情况下,改变喷淋流量,3 种工况下烟气扩散情况大致相同,因此本组模拟不讨论喷淋流量对烟气的影响。

图 7-45 所示为 3 种工况下温度分布云图,随着喷淋流量的增加,库内高温区逐渐减少,在一定程度上增大喷淋流量可有效降低库内温度。

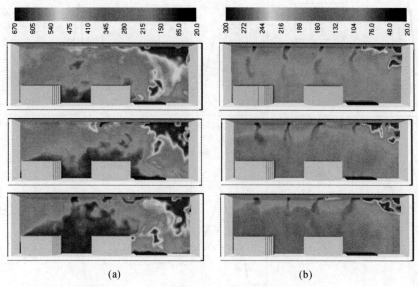

(a)　　　　　　　　　　　　(b)

图 7-45　第二组模拟工况不同时刻库内温度分布
(a)16 s 库内温度分布;　(b)30 s 库内温度分布

图 7-46(a)所示为 20 s 时 3 种工况下细水雾对火源作用效果图,喷淋流量的增加使得火源燃烧面积逐渐减小,在喷淋作用一段时间后,只在通风口处形成喷射火。图 7-46(b)所示为 3 种工况下 30 s 时氧气浓度分布图,当喷淋装置全部启动并持续 10 s 以上,库内状态较稳定,由于喷淋抑制火源燃烧效果明显,喷淋装置启动后,库内消耗氧气速度减缓,且喷淋流量的增加可以稀释库内其他气体浓度,因此,工况三内氧气浓度较高。

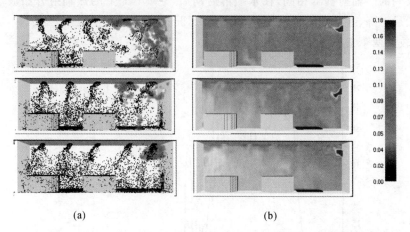

(a)　　　　　　　　　　　　(b)

图 7-46　第二组模拟工况细水雾与火焰作用图和氧气浓度分布图
(a)20 s 水雾与火焰作用;　(b)30 s 氧气浓度

图 7-47 所示为第二组模拟工况下各热电偶树测温曲线,对比各工况下热电偶树 1 的 3 个点温度变化,由于火焰作用,3 个点温度变化都比较接近,工况一降温较其他两个工况慢,从

热电偶树 2 的三个点温度变化可以看出随着流量的增加库内降温效果增强。

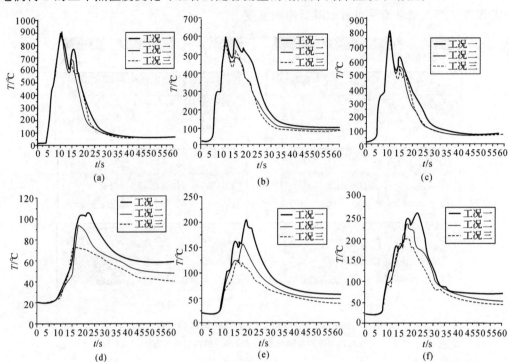

图 7-47 第二组模拟工况热电偶测温曲线

(a)1-1 号热电偶; (b)1-2 号热电偶; (c)1-3 号热电偶

(d)2-1 号热电偶; (e)2-2 号热电偶; (f)2-3 号热电偶

图 7-48 所示为第二组模拟工况监测点 1 的热辐射强度变化曲线,燃烧初期喷头未启动,监测点 1 接收到的热辐射基本相同,在水喷淋启动后,3 种工况下的热辐射开始波动,都存在一段上升期然后下降,导致热辐射波动幅度较大,工况一由于喷淋量较少,细水雾与火焰作用不强烈,因此较后两个工况热辐射波动小。

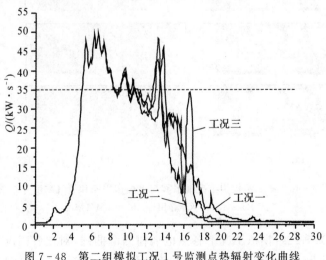

图 7-48 第二组模拟工况 1 号监测点热辐射变化曲线

5.喷头特性影响因素——喷淋速度

喷淋速度不同对火焰的冲击作用及穿过火焰的方式有所不同,同时降温效果也不尽相同,对此,设计第三组模拟工况,见表 7-14。前两组工况喷头启动顺序为 43521,工况三启动顺序则为 43512。库内发生火灾后各喷头响应时间见表 7-15。

表 7-14 第三组模拟工况相关参数设置

工况	喷淋速度/(m·s⁻¹)	风速/(m·s⁻¹)	喷淋流量/(L·min⁻¹)	平均粒径/μm
一	2.5	2	100	100
二	5	2	100	100
三	7.5	2	100	100

表 7-15 第三组模拟工况喷头启动时间

工况	各喷头启动时间/s				
	1	2	3	4	5
一	17.94	13.80	8.64	7.08	12.18
二	17.34	14.76	8.64	7.08	12.96
三	18.24	21.18	8.52	7.08	13.68

由表 7-15 喷头启动时间可知,工况二喷头全部启动速度最快。

图 7-49 所示为第三组模拟工况下,18 s 和 30 s 库内温度分布图。燃烧初期,由于喷头打开时间不同,同时随着流速增加,细水雾对火焰冲击作用程度加剧,导致库内火焰燃烧更剧烈,因此三种工况的高温区分布依次增大;待喷头全部打开,作用一段时间后,库内降温明显,各工况下库内降温效果良好,随流速增加,库内温度下降幅度增大,因此工况三温度下降最快,库内高温区分布较前期分布恰好相反。

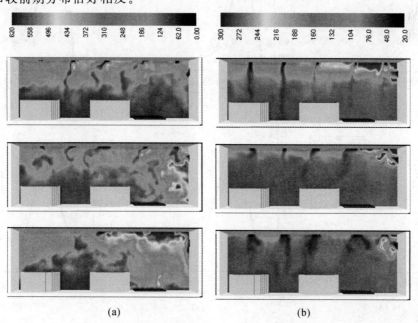

(a)   (b)

图 7-49 第三组模拟工况不同时刻库内温度分布

(a)18 s 库内温度分布; (b)30 s 库内温度分布

图 7-50(a)所示为 14 s 时细水雾和火源作用图,喷淋作用一段时间后,工况三喷淋速度快,对火焰作用强烈,因此火焰燃烧较其他两个工况强烈。图 7-50(b)所示为 30 s 时库内氧气浓度,喷淋速度的增加对库内气体的浓度起到稀释作用,提高了氧气浓度,因此工况三内氧气浓度较高。

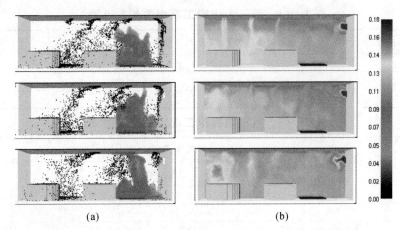

(a)   (b)

图 7-50　第三组模拟工况细水雾与火焰作用图和氧气浓度分布图

(a)14 s 水雾与火焰作用;　(b)30 s 氧气浓度

图 7-51 所示为第三组模拟工况下热电偶树 1 和树 2 上 3 个点的温度变化曲线。

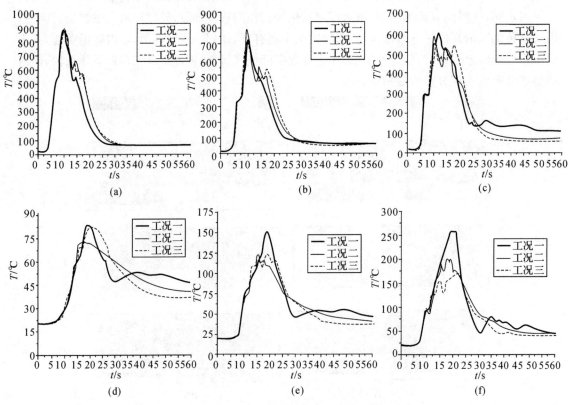

图 7-51　第三组模拟工况热电偶测温曲线

(a)1-1 号热电偶;　(b)1-2 号热电偶;　(c)1-3 号热电偶

(d)2-1 号热电偶;　(e)2-2 号热电偶;　(f)2-3 号热电偶

对比其热电偶温度变化,因工况一的喷头全部启动时间较快,所以其降温效果在燃烧前期较其他两个工况降温快,到燃烧后期,随着流速的增加,细水雾对库内设备持续冲击,库内降温效果较好。

图 7-52 所示为第三组模拟工况监测点 1 的热辐射强度变化曲线,同第二组模拟工况在初期各工况热辐射大致相同,但喷头启动后,工况二、三由于喷淋速度较快,尤其是工况三热辐射波动较大,热辐射受火焰作用影响较明显;反观工况一,喷淋速度较慢,火焰波动小,对监测点 1 影响较小,同时细水雾不断作用罐体,所以监测点 1 热辐射变化较平缓,热辐射下降也最快。

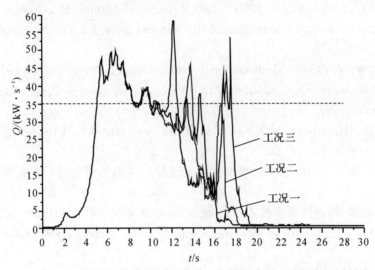

图 7-52　第三组模拟工况 1 号监测点热辐射变化曲线

通过上述数值模拟,可以得出下述结论。

(1)随着风速的增加,喷头全部启动时间加快,且由于风对喷雾方向的改变使得喷头的开启时间和顺序不尽相同,风速虽然有一定降温作用,但是在受限空间内发生火灾后,排烟不及时,风速的作用会加快烟气和水蒸气的流动,不利于灭火。在库内发生火灾后如果能及时阻断通风并开启喷淋,灭火效果会很好。

(2)随着喷淋流量的增加,喷头全部启动时间放缓,流量的增多减少了火源的燃烧面积,在一定程度上降低温度和热辐射的速度加快。

(3)喷淋速度的改变使得库内喷头的开启时间和顺序也发生改变,在喷淋过程中,需要控制喷淋速度才能使喷头的响应时间加快。另外,喷淋速度对火源的冲击作用与穿过火焰的方式有较大影响,速度越大,库内的温度、热辐射波动越大,不利于控制火情。

在实际情况下,影响细水雾灭火系统的因素还有很多,例如喷淋角度、安装高度等,还需对其进行多种因素对比以期得到储库内消防设施的合理布局。

参 考 文 献

[1]　Cowley L T, Johnson A D. Oil and gas fires characteristics and impact [R]. OTI92596, London：HSE,1992.

[2]　吴宗之,高进东.重大危险源辨识与控制[M].北京:冶金工业出版社,2003.

[3]　Authority R P. Risk analysis of six potentially hazardous industrial objects in the Rijnmond area[M]. Holland: Reidel, 1982.

[4]　陈志斌,胡隆华,霍然,等.基于图像亮度统计分析火焰高度特征[J].燃烧科学与技术, 2008,14(6):557-561.

[5]　Moorhouse J. Scaling Criteria for Pool Fires Derived from Large Scale Experiments. Inst. Chem. Engineers, North West Branch Symposium on the Assessment of Major Hazards [J]. 1982, 6: 16-22.

[6]　American Gas Association. LNG Safety Research Programe[R]. Report IS 3-1,1974.

[7]　Babrauskas V. Estimating large pool fire burning rates[J]. Fire Technology, 1983, 19 (4): 251-261.

[8]　Bosch C, Weterings R. Methods for the calculation of physical effects-Due to releases of hazardous materials (3rd edition 1997) Committee for the Prevention of Disasters, Netherlands, 1997.

[9]　Burgess D, Hertzberg M. Radiation from pool flames, Chapter 27 from: Heat Transfer in Flames, 1974.

[10]　徐志胜,吴振营,何佳.池火灾模型在安全评价中应用的研究[J].灾害学,2007,22(4): 25-28.

[11]　郑端文,刘海辰.消防安全技术[M].北京:化学工业出版社,2004:20-69.

[12]　Planck M. The theory of heat radiation[M]. New York: Dover blications, 1959: 183-190.

[13]　刘茂.事故风险分析理论与方法[M].北京:北京大学出版社,2011.

[14]　范维澄,王清安,姜冯辉,等.火灾学简明教程[M].合肥:中国科学技术大学出社,1995.

[15]　谈庆明.量钢分析[M].合肥:中国科学技术大学出版社,2005.

[16]　魏东,赵大林,杜玉龙,等.油罐火灾燃烧速度的实验研究[J].燃烧科学与技术,2005,11 (3):286-291.

[17]　廖光煊,王喜世,秦俊.热灾害实验诊断方法[M].合肥:中国科学技术大学出版社, 2003.

[18]　Huajian W, Zhifeng H, Dundun W, et al. Measurements on flame temperature and its 3D distribution in a 660 MWe arch-fired coal combustion furnace by visible image processing and verification by using an infrared pyrometer[J]. Measurement Science and Technology, 2009, 20(11): 114006.

[19]　Ai L, Jiang J. Influence of annealing temperature on the formation, microstructure and magnetic properties of spinel nanocrystalline cobalt ferrites[J]. Current Applied Physics, 2010, 10(1): 284-288.

[20]　杨立.红外热像仪测温计算与误差分析[J].红外技术,1998,2l(4):20-24.

[21]　杨立,寇蔚,刘慧开,等.热像仪测量物体表面辐射率及误差分析[J].激光与红外,2002, 32(1):43-45.

[22]　吴燕燕,罗铁苟,黄杰,等.基于红外热像仪测温原理的物体表面发射率计算[J].直升机技术,2011(4):25-29.

[23]　傅智敏,黄金印,罗春坚.大型油池火灾实验研究进展[J].消防技术与产品信息,2004, 1:45 - 49.

[24]　朋甦,贺兆华.浅谈火灾模拟技术的应用与发展[J].消防科学与技术,2005, 24(3):6 - 7.

[25]　Thompson M P, Calkin D E. Uncertainty and risk in wildland fire management: a review[J]. Journal of Environmental Management, 2011, 92(8): 1895 - 1909.

[26]　Jahn W, Rein G, Torero J L. Forecasting fire growth using an inverse zone modelling approach[J]. Fire Safety Journal, 2011, 46(3): 81 - 88.

[27]　Kaiser J W, Heil A, Andreae M O, et al. Biomass burning emissions estimated with a global fire assimilation system based on observed fire radiative power [J]. Biogeosciences, 2012, 9(1): 527 - 554.

[28]　Fischer A P, Korejwa A, Koch J, et al. Using the Forest, People, Fire Agent - Based Social Network Model to Investigate Interactions in Social - Ecological Systems [J]. Practicing Anthropology, 2013, 35(1): 8 - 13.

[29]　Muller A, Demouge F, Jeguirim M, et al. SCHEMA - SI: A Hybrid fire safety engineering tool - Part I: Tool theoretical basis[J]. Fire Safety Journal, 2013, 58: 132 - 141.

[30]　Kevin McGrattan, Randall Mcdermott, Simo Hostikka, et al. Fire Dynamics Simulator(Version 5) User's Guide, Validation. NIST special publication 1019 - 5, 2010.

[31]　Kevin McGrattan, Simo Hostikka, Jason Floyd, et al. Fire Dynamics Simulator (Version 5) Technical Reference Guide Volume 1, Mathematical Model. NIST special publication 1018 - 5, 2010.

[32]　郑秋红.室内火灾及其与细水雾相互作用的数值研究[D].大连:大连理工大学,2011.

[33]　凌代俭,阚开慧,徐志坚.室内火灾发展过程稳定性数值计算与分析[J].中国安全科学学报.2010,21(3): 29 - 33.

[34]　黎昌海,陆守香,袁满.封闭空间池火火焰游走实验研究[J].中国科学技术大学学报, 2010(7): 751 - 756.

[35]　崔克清.安全工程燃烧爆炸理论与技术[M].北京:中国计量出版社,2005.

[36]　范维澄,孙金华,陆守香.火灾风险评估方法学[M].北京:科学出版社 2004.

[37]　National Fire Protection Association. NEPA750 water mist fire protection system standards[S]. Atlanta: National Fire Protection Association, 2003.

[38]　徐旭常,周立行.燃烧技术手册[M].北京:化学工业出版社,2008.

[39]　Jones A, Nolan P F. Discussions on the use of fine water sprays or mists for fire suppression[J]. Journal of loss prevention in the process industries, 1995, 8(1): 17 - 22.

[40]　Jones A, Tomas GO. The action of water sprays on fire and explosions [J]. Transactions of the Institution of Chemical Engineers, 1993, 71B: 41 - 49.

[41]　Gunnar Heskestad. Extinction of gas and liquid pool fires with water Fire safety journal, 2003, 38: 301 - 317.

[42]　Dvorjetski A, Greenberg J B. Theoretical analysis of poly disperse water spray extinction of opposed flow diffusion flames[J]. Fire safety journal, 2004, 39:309 – 326.

[43]　姚斌,廖光煊,范维澄,等. 细水雾抑制扩散火焰的研究[J]. 中国科学技术大学学报,1998,28(5):610 – 617.

[44]　Heskestad G, Bill R G. Quantification of thermal responsiveness of automatic sprinklers including conduction effects[J]. Fire Safety Journal, 1988, 14(1):113 – 125.

[45]　Mahmud H, Moinuddin K A, Thorpe G R. Characterization of a water – mist spray: Numerical modelling and experimental validation[J]. Victoria University, 2012.